人嘛，最重要的就是开心

张佳玮 著

北京联合出版公司
Beijing United Publishing Co.,Ltd.

目录

Part 1
生活百般滋味，人生定要笑对

Part 2

少年时的快乐，往往更纯真

Part 3

真正的快乐内核，
是投入时间和热爱

Part 4

世上能决定你开心与否的，只有自己

Part 1

生 活 百 般 滋 味 ，

人 生 定 要 笑 对

生活虽然普普通通，但也要乐在其中。

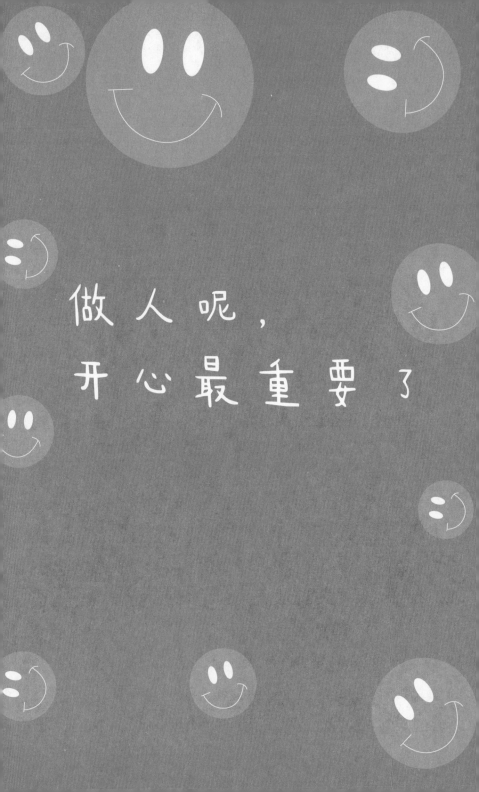

鲁迅先生有一句话："哪里有天才，我是把别人喝咖啡的工夫都用在工作上的。"不，我不是想倡导"压榨自己的娱乐时间，多投入工作"，不是的。这里的概念是：时间这东西，重要的不是投入，而是取舍。

身为自由职业者，常要面对时间取舍。以前很常见的情况是：我不想工作，我想打游戏；但工作没做完，打游戏会让我有犯罪感；于是我既不工作，也不打游戏，而是开始刷网页，麻痹自己一下……最后，我花了四个小时拖延，只工作了两个小时。

您自然发现问题了：如果我直接工作两个小时……之

后就能玩四个小时游戏了。这样不是更直接吗？道理都明白，但未必做得到。人毕竟并非完全理性的动物。

上周六，我出门，在轻轨上的时间，加上等人的时间，来回合计一个多小时。我将《边城》又过了一遍。翻完时，自己都略惊诧：读完一本书的时间，实在很快。

实际上，许多事都是如此。我记得我初次读完整本《围城》，七个小时——我有朋友是五个小时就读完的。五个小时是多久呢？一个上班族下班到家，到午夜入睡，差不多也就这么久。读得慢的，两天的闲暇时间，其实也就读完了。

坐过国际航班或长途列车的诸位，一定有心得：原来一部电影那么短。上海飞巴黎，如果不睡觉，可以看好几部电影——其实不是电影短，而是你在飞机上，无其他事可干，自然有时间，有足够的时间，做你爱做的事。

许多人爱熬夜，是因为白天没玩够，总觉得一天就这样结束了，不太甘心。其实啊，许多时候，不是时间不够多，而是分散到许多琐碎的事中去了，没直接用来让自己开心。有人会说：生活里这样那样的事太多了啊！于是又回到开头了。

生活里有多少事，是无可替代、非做不可的呢？

——更直白一点：你明明喜欢做某些事，却因为其他事来不及做；那些所谓其他事，真的非做不可吗？

——你做着自己喜欢的事时，是不是也会偶尔停下来，刷一下朋友圈之类？你不会觉得中断的时间有多久，但其实积少成多。

这里有个真相：人生在世，有物质需求与精神需求。物质需求包括吃饱穿暖，精神需求包括自己的兴趣得到满足。除此之外，则是安全感、他人的尊重——简称社交成功。这是个社会大分工时代，所以，你可以在社会上谋一个职位，出卖一点时间和劳动获取报酬，满足物质需求和精神需求。如此，而已。

最直接的自我愉悦方式，是出卖时间与劳动获取报酬后，满足物质需求和精神需求；再将余下的时间，用以享受这些成果，自我愉悦。

但世界很复杂，每个人都有自己的社交圈。社交圈在逼迫，或者说，引诱人们，生活在社交状态中。

许多人会因为社交需求，去寻求一些自己并不喜欢的物质或精神层面的东西，并为此付出时间。虽然自己并不喜欢，但是我已经付出了呀，怎么办呢？我还是要继续下去啊，毕竟已经进入这个轨道了，不然就都白费了……

其实未必需要如此。

有人问过我，为什么有时间做许多乱七八糟的事，我想了想，大概，我把时间都花在自己喜欢的东西上了——而只专注喜欢的事，消耗的时间可能并没那么长。看一部喜欢的电影，读一本喜欢的书，通关一次喜欢的老游戏，看一场球赛，可能只需要几小时的时间——只要你别把时间浪费在一些"我不喜欢做，但别人会喜欢我这样做"的事情上。

有人会问了：为社交需求忙碌，真是浪费时间吗？

答：未必。

有些人的行业特殊，令他们必须活在人脉之中。所以他们得经营社交。但如果无关利益，仅仅为了"让亲友们觉得自己怪不错的"，那就有待商榷了。

有一个不太好听的真相：人通常会高估自己的重要性，高估他人对自己的在意程度，总觉得"如果我做了点什么亲友一定会震惊吧"，殊不知在每个人所能触及的社交圈里，大多数人并不在意你的生活细节，只在乎标签。

大多数人并不在乎你做了什么，只想在脑海里这么归类你：所居城市？买房没？离婚未婚？伴侣是不是长得可以？看上去是不是有钱？

——他们并不会在意"你这个下午做了什么，开心吗"。

所以，把时间集中用于做自己喜欢的事，是最直接，也是最高效的让自己开心的方式。经营自己的社交形象，让别人看了觉得仰慕，觉得钦佩，然后你从中获得满足感——这也不错，但如上所述，效率比较低，要绕许多弯子。毕竟能直接让你自己开心的，只有你自己；阻碍你自己开心的，也只有你自己。

将来或许有一天，会有人问你：为什么过得这么高兴、自在呢？你可以回答：因为我把取悦别人的时间，都用在让自己过得有趣上了。

真正的乐趣，其实是要花一点时间的，但得把时间花在自己身上。

烟火人间

烟火气这词，只可意会，不可言传。

李安执导的《饮食男女》里，归亚蕾扮的梁伯母，在美国女婿家住不惯，回家后用一口湖南腔跟人抱怨："吃饭咧，除了洋葱就是汉堡，我炒个蛋炒饭，他的警报器都会响咧！我在那里真是生不如死！"

——的确，吃惯汉堡、家里有烟雾报警器的人，很难理解蛋炒饭的流程与意义。

考虑到烟雾报警器，于是开足了排气，放小了火，小火无烟，鸡蛋不熟，冷饭不裂，变成了暖油焖饭，临了蛋稀饭黏，拖泥带水，谁吃得下。

非得热锅冷油，隔夜饭，炒得乒乒乓乓。用大火最好，

蛋蓬松，饭耐嚼，身骨干爽，一大铲拍在碗里，才是好蛋炒饭。

如此这般，冷锅凉灶，瞎糊弄事做出来的，尤其是冬天，很容易让人垂头丧气。厨灶间烟火飞舞，哪怕一碗蛋炒饭，都让人生机蓬勃。

大概吃东西有两种状态。一种是冷静的、克制的、细致的、条理分明的。另一种是狂热的、囫囵的、按捺不住的、热情澎湃的、甩腮帮解衣裳一头埋进烟熏火燎里的。

前者吃得清晰明白，我还见过探店的美食家边吃边给餐酒搭配打分做记录的。后者则吃得一片单纯的快乐：是让人觉得稀里糊涂也没关系，看不清楚也没关系，一份忘我又安泰的，想起来可以原谅一切小瑕疵的快乐。

年味儿，就是要有这份忘我的欢乐。

过年时，我外婆做红烧蹄髈——如果买不到蹄髈呢？那就做红烧肉。我外婆的做法，红烧肉是把猪肉先煮一煮，再加上酱油、酒和糖，慢慢炖，炖好了，再在米饭锅上蒸一蒸，以求酥烂，水放得少，所以肉味道醇浓，没有水汽。我外婆也很会做鸡汤，鸡肚子里塞了葱和姜，外面浇了黄酒和水，滚开了十分钟，酒香流溢，再小火，慢慢炖，炖好了，鸡汤上有一汪汪的黄油。这就是年菜了。

临近过年，家家得去菜市场，买牛肉，买羊肉——无锡人和苏州人都爱吃羊糕，买酒酿，买黄豆芽，买虾，买榨菜，买黑木耳，买胡萝卜，买青椒，买芹菜，买豆腐干，买百叶，顺便跟那些菜贩们一一道别：

还不回去过年呀？

今天做完，这就回去了！

那么新年见！

好好，新年见！

买许多卤菜熟食。过年了，店主也豪迈。买猪头肉，白送俩猪耳朵。买红卤肠，白送鸡肝。

早点卖完我就收了！

忙啊？回老家啊？

不忙！就是去玩儿！

　　年三十那天，我常看着长辈们从早上便开始忙。以前是外婆指挥，后来外婆年纪大了，就都是我爸妈做了：年夜饭不讲贵，但要敦厚、肥硕、高热量。大青鱼的鱼头汤在锅里熬着；红烧蹄髈得炖到酥烂；卤牛肉、烧鸡要切片切段儿；要预备酒酿圆子煮年糕。

　　我小时候，过年时，我爸单位会分一条大鱼。过年了，我爸把鱼头切开，起锅热油；等油不安分了，把鱼头下锅，"滋啦"一声大响，水油并作，香味被烫出来；煎着，看好火候，等鱼色泽焦黄，嘴唇都噘了，便加水，加黄酒，加葱段与生姜片，焖住锅，慢慢熬，起锅前不久才放盐，不然汤不白……当然，年夜饭还吃其他的：卤牛肉、松花蛋、炒虾仁、黄豆芽炒百叶、糖醋排骨、藕丝毛豆、红烧蹄髈、八宝饭……

　　——我家有个邻居，江苏如皋人。他经常给邻居做红焖猪头肉当年夜饭菜。说，没别的，就很小的火，所谓一苗火，烧一天，就好了；上桌时，怕有人不喜欢猪头，就用筷子一划拉，红白皆融。

　　大年初一，早饭是酒酿圆子年糕、稀饭年糕，配上自家腌的萝卜干，求的是步步登高，团团圆圆。多幸福，少是非。到午间，雪住了，就有人家开始放鞭炮啦。雪后初晴，干净明澈的天色。有亮度缺温度的阳光，寒冷的空气里满是鞭炮火药味儿，白雪上落着红鞭炮碎屑。

大年初一，照例是没有亲戚来的，到黄昏，大家就把年夜饭剩下的菜，做成咸泡饭：冷饭和冷汤，倒一锅里，切点青菜，就开始熬。熬咸泡饭时，用隔夜饭好些，因为隔夜饭比刚出锅的白饭少点水分，更弹更韧，而且耐得久，饭不会烂，甚至还挺入味儿。拿些虾仁干——当地话叫开洋——下一点儿在泡饭里，很提味儿。一碗咸泡饭在手，热气腾腾，都不用就菜就汤，呼噜呼噜，捧着就吃。

初二初三，走了几趟亲戚，回家吃炸春卷。春卷皮包了豆沙和芝麻，往油里一落，滋滋作响，面皮由白变黄，香味儿就出来了。

到年初五，该上街去溜达了，去菜市场买些新鲜菜来。回家过年的诸位，也有些回来开铺子了。大家小别数日，都无比惊喜，彼此道：

新年好！

恭喜发财！

于是，一年又开始了。

油面筋，许多人大约知道。球形，中空，香脆酥糯。其他地方常用来炒青菜、烫火锅，无锡人别有一种吃法。所谓肉酿油面筋，是将猪肉剁成肉糜，再将其揉成狮子头状丸子，塞进面筋里，用无锡民间的浓油赤酱焖透。吃时，面筋酥软，肉丸子浓香，既不费牙，又有肉的颗粒口感。下饭绝佳。

2017年春节，我妈闲不住，在小区里帮民工子弟小学生上辅导课。其中有一对兄弟，大的三年级，小的一年级。父母都是山东来到无锡打工的菜农，收入不低，只是忙。过年期间，尤其忙：众所周知，春节后一周，大家都休息，所以年三十黄昏至晚，大家都囤积食物。那对兄弟的父母忙着年下，没时间给孩子做年夜饭。我妈便自告奋勇："到我家去吧！"

于是年夜饭，是我、我父母，以及那两个山东孩子在一起吃。两个孩子穿了新衣，拾掇得整整齐齐，但坐上桌时还有些怯生生的。我妈给他们舀鸡汤喝，夹藕丝毛豆，让他们吃糟鹅，又每碗放了一个肉酿油面筋，"喜欢吃的自己夹"。

两个孩子，小的那个口才比哥哥好，开始说哥哥前几天考试没考好被批评的事；哥哥就有些不好意思，跟弟弟拌了几句嘴；小的就凑着我耳朵说，哥哥不让说，其实被老师批评之后，偷偷哭鼻子来着；哥哥羞臊了，说小的前几天还尿床，被妈妈骂了呢……俩孩子互相揭短，嘻嘻哈哈，我爸看得乐呵呵，我妈还得尽教导之责，一面忍不住笑，一面故作严肃地批评：

"不要说别人短处！好好吃饭！"

我看着弟弟吃了一个肉酿油面筋，吃得咂咂作声；那么油光水滑一个圆球，不知怎么就掉进小肚子里去了；他吃完了，抬头看看我妈，我妈一挥手："喜欢吃就再吃！"俩兄弟都乐了，各夹了一个。哥哥看看我——我正从他们身上看到小时候的自己——说：

"大哥哥，你不喜欢吃啊？"

"喜欢啊。"

"噢！"

我觉得，这就是年味儿了。

现在回想起来，在外面再怎么吃山珍海味，每年到这时候，还是想吃一口熟悉的、扎实的、肉头的、浑厚的食物。吃这份食物时，喜乐的、喧腾的、温暖的氛围，就起来了。

生活处处
有欢喜

去重庆人和街一个街边面馆吃早午饭。看着菜单发愁：都想吃怎么办？

老板娘说：点三样小份好了。

三鲜面好吃——这家三鲜面的三鲜，是猪肚、猪肠、猪肉。问老板娘怎么处理得既汤清如水，又没腥味？老板娘一边腌肉一边答：白胡椒调味嘛！

素椒杂酱面好吃，好吃得我吃完了面，空口把酱都吃净了。问老板娘这酱怎么调味的，老板娘一边腌肉一边答：先下糖再下盐嘛！

甜水面好吃。问老板娘怎么会这么好吃，老板娘一边腌肉一边答：自家打粗面嘛。

最后吃冰粉凉糕时，听老板娘训起了当家的，说昨天肥肠没腌对。怎么没腌对呢？说她家的狗"嘴巴刁得很"，每天吃店里的下脚料和剩菜时，如果味道不对，就不肯吃；像昨天，狗就不太肯吃，这都怪当家的，"你味道调不好，狗都不肯吃"。

我看看桌上被自己风卷残云吃得一干二净的盘子，总觉得似乎哪里有点不太对……

巴黎十三区某华人超市，肉柜是单独列的。剁肉的大叔，有客人时操刀搬肉，没客人时就随手剁些肉糜、鸡翅、鸡腿，另装塑料袋，待人买。

我在柜台前低头看肉。带皮五花肉、肋排、腿肉……正犹豫着，卖肉的大叔放下保温盅过来了：
　　"买了肉准备怎么做？"
　　"炖汤，配莲藕。"
　　"那么买肋排，便宜，炖汤香。"

　　说着，他拿身后保温盅给我看，"我老婆给我炖的黄豆小排汤，你看你看。"

　　"那就，肋排来一公斤吧……"

　　"好！我跟你说，这个拿来炖汤呀，好得不得了！我老婆炖汤也炖得好！"

　　"是的呀，真是好！"

　　他一边斩肉，一边说："是的呀！我也觉得我老婆真好！"

　　秋天，在北京丰台吃午饭时，看到隔壁桌老夫老妻吃芋头炖肉。老爷子不停夹肉给老伴，时不时给自己夹块芋头；老太太默默吃一块肉，又夹一块肉给老爷子，再从老爷子盘里夹回一块芋头。这奇妙的行为持续了一会儿，老爷子夹起一块肥肉眯眼看，老太太说："都看不清就甭给我夹了。自己多吃！"同去的朋友轻声对我道："老太太这脾气，过瘾！"

　　冬天回乡，鼻塞，没睡好。早起到面馆坐下，头疼，要了面、肥肠与姜丝。

　　坐在门口的吃客，大多年轻些，吃拌面多；吃汤面的，有人还脱了外套叠在膝上，免得沾汤。面来，筷子擦碗溜底一拌，唏哩呼噜地吃：呼噜是把面塞嘴里，唏哩是吸溜面；吃完最后一口，嘴里还在嚼，外套已披上，餐巾纸一抹嘴，"老板娘我吃好了"，出门去。坐店堂深处的吃客，大多年长些，吃汤面多，吃一口，唏哩唏哩地吸，嗦罗罗地收尾，手指横托着碗沿捧起，轻轻喝一口汤。筷子轻轻在碗里一挑，又挑起一丝面，唏哩唏哩地吸。吃喝完半碗，把姜丝放进去，轻轻拌开，姜丝在汤里漾着，接着慢慢吃。

店里也卖白斩鸡肉、鸭肉和素鸡。面汤是鸡骨鸭骨熬的，加酱油和葱花。我一口面，一口肥肠，一口姜丝，一口汤，偶尔抬头看看店里挂的梅兰竹菊、"家和万事兴"、"面面俱到"。

面吃完了，还剩半碗汤，我歇一下。老板娘摇摆着走来，问我要不要收了，我说不，别收，好汤啊，这我要喝了——我有点鼻塞。

老板娘一听，一拍手一点头，转身去厨窗边，须臾回来：托一碗浮满了葱花的汤放桌上，把我吃剩的半碗汤端开，"你这碗汤不热了，弗要吃了——吃热汤！整个吃下去！"

　　我托碗把面汤喝了，鼻尖出汗，眨眼，有些眩晕。老板娘拍拍我，说披好衣服，不要冷，回去好好休息！我回到家，和衣又睡了一小时。

　　醒过来，鼻子通了。

一生中
最快乐的
时光

想得起最无忧无虑、最快乐的时光吗？大概，快乐相对容易，无忧无虑就少一些吧？

是不是偶尔也会如此？即在快乐来袭时，先感到警惕。惴惴不安地揣着快乐，先想："我暂时没什么事值得担忧了吗？我真的有资格开心起来吗？真有这么顺的事吗？不会有什么不好的事等着我吧？一定不会这么完美吧？"

也不奇怪。大概因为，我们已经习惯了"乐极生悲、否极泰来""塞翁失马，焉知非福"。悲伤时不要悲伤到谷底，与此同时，快乐时也别快乐过了头。毕竟从小就被训导，"戒骄戒躁，切勿得意忘形"。快乐也该是有条件的、有缘故的。

在我家乡，无缘无故，每天嘻嘻哈哈的人会被指点："没正形""傻乐呵"。快乐应该是有条件的，有节制的，谨慎的。

话说，对快乐有所忌惮，希腊有个词叫 cherophobia：害怕快乐，忌惮快乐。全世界的人都这样吗？不一定。

记得新西兰惠灵顿的莫森·约山卢和丹·维耶斯二位写过一个论述，里面提到，有些文化主张那种消费文化，就是快乐至上，快乐是最重要的。人生的一切，都是为了将个人快乐最大化。疯狂消费、感官刺激、声色犬马，都是为了快乐。开心就得了。肤浅，但是快乐。

反过来，有些文化会认为，快乐不那么重要——至少不是最重要的。比如在东亚文化里，有些地方的人相信，人快乐了就会乐极生悲；人一旦满足了就会被惩罚。有些文化则认为，幸福是很脆弱的，极不稳定。回避型依恋风格，更容易产生对幸福的恐惧与回避——害怕快乐会带来失望，索性连快乐都不要了。

在东亚，尤其在日本，这点尤其明显。因为在东亚许多地方的文化里，和谐与顺从，比追求个人快乐更重要。
与此同时，许多文化里，享受快乐，尤其是独自公开享受
快乐，会显得自私与肤浅，会遭人恨。西亚一些文化则相
信，幸福会遭受命运的憎恨。所以在东亚，尤其在日本，
许多人哪怕快乐也要偷着乐，不会轻易在公开场所表达；
为了维持集体的和谐，甚至会打压一点自己的快乐。久而
久之，就会形成一种"快乐是有罪的、是肤浅的，不要轻
易快乐"的氛围，就会让人随时保持"人无远虑，必有近
忧"的危惧之感。被压抑惯了的人，或悲观久了的人，遇
到快乐时，甚至会有种犯罪感。所以许多日本作品里，会
有这种心情："近来怎会如此心想事成，这么顺这么快乐？
我一定是快要死了！"

《天龙八部》里，有一段很妙的情节。西夏公主招驸
马，一一问过来："你平生最快乐的地方是哪儿？""你最
爱的人叫什么名字？""你最爱的人是什么样子？"虚竹回
答他人生最快乐的地方是"在一个黑暗的冰窖之中"，终
于和心爱的人接上了头。但当初他第一次度过那段快乐时
光时，第一反应却是试图自尽——因为在他自小所受的修
行指导里，享受男欢女爱是罪恶的，是戒律。细想起来，

实在荒唐。

而慕容复被问到这些时，却回答不出。"他一生营营役役，不断为兴复燕国而奔走，可以说从未有过什么快乐之时。别人瞧他年少英俊，武功高强，名满天下，江湖上众所敬畏，自必志得意满，但他内心，实在从来没真正乐过。"他没什么最爱之人，而他最快乐的地方则是："要我觉得真正快乐，那是将来，不是过去。"

多少人其实都如慕容复这样，一时想不出最快乐的曾经，只想着将来。多少人想到一生中最快乐的时光，得追溯到少年不懂事的时候；成年之后，满心忧患思虑，来不及快乐了。

并不是成年之后有趣的事变少了，而是少年时的乐趣与悲哀很直接，随着年龄渐长，涉世渐深，自然而然进入一种"不要轻易快乐，快乐是肤浅的，你凭什么可以快乐，必须达到某种程度才允许快乐，快乐这事是短暂、脆弱、肤浅的"氛围。于是连快乐也打了折。慢慢地，无缘无故的快乐都成了奢侈品。

《天龙八部》结尾，背负了祖祖辈辈宏大理想的慕容复疯了，他这才终于获得了一点快乐。"你平生最快乐的地方是哪儿？"这话是公主问虚竹的，但在小说里问过了许多人，各有各的答案，折射出各自的人生。有时问问自己，不一定需要答案，但能想明白许多事，也好。

按自己
喜欢的方式
去生活

人生大多数不快乐，来自事前求而不得的焦虑，以及事后的悔恨。前者还好，后者感受真切。类似的事，我们普通人也多少经历过——当然程度未必多惨烈，只是许多人会觉得："长时间认定的事，结果失于所望，哼！太不高兴了！"于是陷入了无尽的悔恨之中。

大概悔恨来自所谓的执念，所谓期望的投入产出比，不符合理想，于是出了偏差。我自己有过这样的经历，小时候吧，希望"长大了，当个科学家"。但这点兴趣，在初三物理课做受力分析、画电路图时，已经消磨殆尽了。偶尔和人聊起来，大家会像发现"呀，小时候喜欢同一个女明星"似的，羞赧又兴奋地承认："对对，我也想过要当科学家！"为什么当科学家呢？"因为看了《机器猫》里各类神奇的机器，因为看了《阿拉蕾》很羡慕则卷千兵卫博士……"至于科学家实际是怎么回事，不知道。

我们许多时候选择的东西，并不是出于真正的热爱，而仅仅出于不够了解的向往。少时野心勃勃，为自己规划了各色梦想；年纪稍长，发现梦想不是那么回事，于是产生落差，于是难过，于是悔恨。当然，执念也破了——越早破掉，越来得及回头看看自己的一切。

我小时候有过许多梦想，有些实现了，有些没有。相当多梦想实现时，会发现不如自己想象中那么美好。那时我就来得及审视一下：也许大多数事，的确不如自己想象中那么美好。所以，除非真正了解个中滋味，非得投身于此，否则，大可不必那么拼吧？这种事，又不一定局限于梦想了。

我没单位。这么多年，常有朋友跟我喝酒，喝着喝着，念叨起来："我那个单位吧，唉……投了那么多力气、那么多时间进去，现在看看吧，唉……"于是朝我举杯，"还是你好！就一个人，做多少都是自己的！"大概，将自己捆在什么东西上努力，就仿佛下了一个巨大的赌注，或者买了一只股票长期持有，有就是有，没有就是没有。最安全的是，鸡蛋不要放在一个篮子里。这么一想，少一点悔恨的方式是别把自己孤注一掷绑在什么东西上面——即别太执着。

通常，悔恨与执着度是成正比的。当然，大多数人都难免要绑定些什么，那在自己可选范围内，尽量选择自己最喜欢的事情去做吧。因为兴趣，你能够做得很久，做得很好，保持足够的行动力。剩下的，交给时间。毕竟多数普通人的人生，都难免要将时间或精力投注在什么上，以求获得物质或精神财富，刺激自己的情绪，以收获乐趣。将自己完全附着在任何单一事情上，都有点风险，也许难免后悔。那就尽量选择自己喜欢的吧，哪怕得不到长久的利益，至少过程是开心的。

——毕竟到最后，我们大多数人并没那么喜欢利益，奔来走去，也只是为了活下去，顺便获得点乐趣本身。

——所以，做自己喜欢的事，哪怕没获得足够的利益，事后想来，也至少不会后悔，"至少是，开心过了吧！"

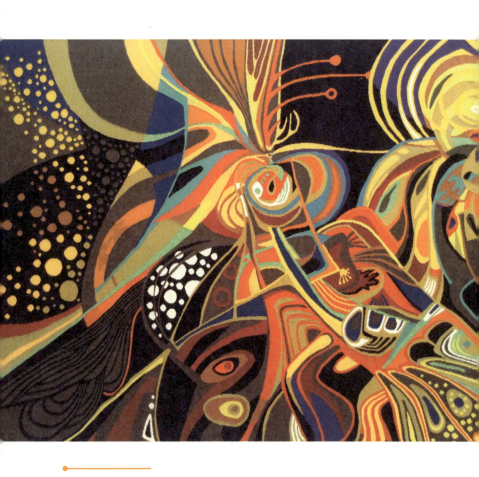

少时野心勃勃，为自己规划了各色梦想；年纪稍长，
发现梦想不是那么回事。

尽量选择自己喜欢的吧，哪怕得不到长久
的利益，至少过程是开心的。

沙漠中的
暴雨，
不眠的星辰

　　他们说沙漠里不下雨，然而 2023 年 2 月 24 日我到马拉喀什郊外的沙漠绿洲——第一天夜里就下了雨。

　　黄昏时，绿洲色调一片昏黄。土房聚群而建，坡坎崚嶒，野猫各自划定区域，当然也有在沙漠里生长、善于抗苦旱的树，树根边是作为肥料的骆驼粪。晚间起了雨声，房间内外骤冷，主人给我们毯子，拿来劈柴塞进炉子。屋顶有漏雨处，主人苦笑，毕竟建这些土房时是为了防风沙和阳光，谁想得到会漏雨。我问下雨对绿洲是好事情吗，主人说不一定。次日早上我们便看见了，周遭沙漠的颜色略深了一层，猫们躲在有顶棚处重新划定的区域，前一天晚上的沟坎变成了浊流，绿洲地上泥泞不堪。骆驼在棚子里悠闲地打响鼻。

主人请我们吃塔吉锅——牛肉、杏仁、甜杏干、椰枣、胡萝卜——与古斯米，另外搭配了哈里萨酱。我们裹着毯子吃，看远处峰峦，黄云白日。云逐渐变白，露出蓝天，沙漠颜色渐次变淡，变灰，变白。塔吉锅下去，薄荷茶上来。大银壶，分杯。摩洛哥人说薄荷茶是摩洛哥的；阿尔及利亚人说薄荷茶是阿尔及利亚的；法国人一般统称为大马格里布薄荷茶——绿茶，薄荷，"第一杯温柔如生命，第二杯浓烈如爱情，第三杯苦涩如死亡"。马拉喀什沙漠里的主人没那么有诗意，只说因为摩洛哥不让公开喝酒，所以薄荷茶是他们的"零酒精威士忌"。

回马拉喀什老城区时，我看到街边的球场，就与司机聊起了足球，祝贺了之前世界杯上摩洛哥进了四强，司机满面春风，大夸哈基米与齐耶赫，说摩洛哥淘汰葡萄牙时，马拉喀什全城都疯啦，然后说了句话："其实比起梅西，摩洛哥人，啊，也许就我，可能感情上更倾向C罗一点。""但哈基米和梅西是巴黎圣日耳曼的队友啊？""不不，我当然喜欢梅西，只是情感上吧，觉得C罗更亲近——他，更有激情吧！"司机说马拉喀什的房屋所以都是砖红色，是为了对抗过于灿烂的阳光；他介绍说马拉喀什的老城墙可以追溯到 11 世纪，悠长、庄严、华美。当然，"街上难免乱一点！"他说话时，左手打着方向盘，右手拿着手机找 GPS 定位——他没有车载 GPS——游刃有余、乱中有序地在汽车、驴车、马车和摩托车之间穿梭。

老城区的巷子极窄。塞维利亚、里斯本、佛罗伦萨的老城区巷子还能走一辆马车；马拉喀什老城区有些巷子，只能并排走两个人——就这么窄了，还常有摩托车高速往来，车上的人嚷嚷着，希望大家赶紧让路。但走进老城区的房子，另一片天地，中庭，喷泉或池水，屋顶花园，几乎家家如此。在屋顶花园，无数毯垫拥卫左右，喝薄荷茶，看雕刻细密、金碧辉煌的装饰，低头看混乱、泥泞的街道，只一墙之隔。屋顶已经阳光万里了，一楼还有人家试图排水——毕竟这整座城市，对骤雨都措手不及。到了第二天，雨水干了，晴空万里，之前的泥泞、潮湿与混乱都被抹平，仿佛从未存在过。砖红色的城市，湛蓝的天。

马拉喀什的大广场德吉玛，号称当世最大的夜市。周遭店铺卖香料、饰物、袍服、绒毯、水果、皮革，楼上是各家餐厅的屋顶花园，看得见砖红色的晚霞；楼下则是铺子：烤串，浓汤，塔吉锅，羊头。店主拉你坐下，让你点单，当你面斩羊头，绝非挂羊头卖狗肉。浓烟蒸腾，人声鼎沸。各摊位大厨有些只听得懂阿拉伯语，有些只听得懂法语，有些只听得懂西班牙语，于是得有大嗓门的万事通，在各摊位间晃荡，侧过耳来，听你点单，然后翻译成各摊位大厨听得懂的语言，大叫一番。

我坐的那摊位，还出了些奇事，叫了烤串烤着；点了羊头切着；把羊杂碎噼里啪啦收拾好装了盘，塔吉锅牛肉正在炖着。忽而后面两摊人不知怎么，吵了起来；正收拾串、确认锅、操刀搬羊的大厨见吵架了，双手在围裙上一抹，跳出柜台，赶去打架现场拉拽劝架了。我错愕之际，他劝完架回来了。烤虾、烤鱿鱼都还嫩，羊肉烤得入味，羊杂碎和羊头滑嫩酥香，牛肉凝脂软香，浓汤我不敢多琢磨，只一口喝下去，暖和。同时处理这么多乱七八糟的工序，大厨还顺便去劝了场架。吃完了，我们道谢，付小费，走人；问大厨何时休息，大厨在烟雾中一边翻串，一边用法语说了句："我们像星辰一样不眠。"

离开马拉喀什那天，司机来接我们，我又跟他聊起了薄荷茶，我问他薄荷茶如何才能调理得好喝，他说诀窍特别简单——放糖。

"放比你想象中合适的三倍量的糖。浓浓的甜才是一切。"由此我又想起之前关于 C 罗的话题，我说我去过 C 罗的故乡马德拉岛，那里的马德拉蛋糕和马德拉酒，味道也是齁甜浓烈。司机大笑着说："激情嘛，就是浓甜！"他朝旁边慢吞吞的驴车喊了一嗓子。

我离开的黄昏已是晴天，之前的雨水了无痕迹。由浓转淡的沙漠，红墙蓝天的城市，夜半巷子里驴车踏过石径的声音，混杂着硝皮与香料味的街道，过于浓烈的辣与甜。星辰不眠的长夜，一场混乱悠扬的梦。

二月底即将入春的马拉喀什。

不快乐来自
深层的遗憾

能写下来或宣之于口的，都不是最深的遗憾。

普通的遗憾是浅伤，能当作谈资，能拿来感慨；久了，淡了，甚至能拿来炫耀，拿来打趣，拿来自嘲，拿来吟咏，拿来做精神装饰品。反正只留了淡淡一抹痕，说开了，自己也能不当回事。

深一点的遗憾是留疤的重伤。对等闲交情，都不乐意提起。也许对至交好友，也许对生死之交，喝高了，能说上几句。说时免不了抒情美化，期待的是朋友能附和几句，"反正都过去了""当初又没得选"，诸如此类，好自己把疮疤平复了。通常，说起来写下来，这些遗憾在非亲历者看来，最为感人。

再深一点的遗憾是不能让人看的疤，甚至对人都不能提。午夜梦回时念及，心口都会生理性抽痛。人在遇到社交尴尬时，会情不自禁没话找话说。而想到深重的遗憾时，会自己给自己找话说。因为这遗憾太深了，得一身化二，自己让自己分神，才能稍微纾解；自问自答、自说自话后，将这个遗憾淡化，埋起来，以后不再想起，不再徒劳地沉思或自责。

最深的遗憾，不但自己不会提，甚至连自己都忘记了。最深的遗憾，自己不忍看不忍想，只能埋进记忆土壤深处。但那玩意儿不会消失，只会在忘却的土壤上长出新的东西来，体现为重复的、消极的、持续的慢性压力。

每一个人此时此刻的生活倾向，就是那份被遗忘的遗憾的产物。比如对亲密关系有障碍的人，许多和童年时父母感情裂痕有关。比如好强偏执的人，许多和童年时缺爱有关。比如对有某种特色的异性有怪异偏好的人，许多和初恋挫折有关。比如有忌口不吃某些东西的人，可能和童年时所吃的东西有关。任何一点执拗，都可能牵涉曾经的遗憾。那个遗憾已经不是深浅疤痕，而是一口巨大到足以

把人吸进去的深井，于是人会想尽办法避开这口井，忘记
自己曾经在井底孤独地绝望过。

一个人所向往的，一个人所逃避的，与其最深远、最
隐微的遗憾有关。所以最大的遗憾轨迹，就是每个人自己
的生活——我们生活的路，我们情不自禁选择的当下，我
们没有选择甚至刻意回避的那些路，就是我们竭力回避遗
忘的遗憾。

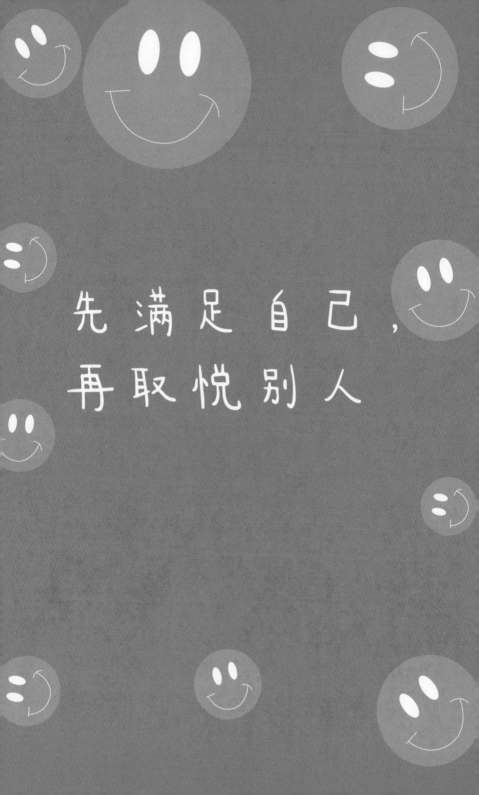

先满足自己，
再取悦别人

我大学开始经济独立，之后一天班都没上过，一直写东西。但是，写东西很难发财。大富大贵也想都不敢想的，凑合过点日子还行。所以我多少也算懂点省钱的法子。

我常念叨，年轻人若能维持温饱，就尽早经济独立。因为经济独立后，你才知道挣钱的辛苦，才能看清生活的全貌。花钱意味着什么？自己懂得斟酌分量。不用人教，你会自然知道日子怎么过。

——人一天不经济独立，便有退路，便有依赖情绪。"我月光也无所谓，最后总有人给我买单。"若存了这心思，很容易一直浑浑噩噩下去。

——"我父母的钱都是给我的，依靠下也没错！"这么想也没错。

但孩子有赡养父母的义务，如果将父母的积蓄过早地吃干抹净，势必会影响父母的生活质量。纵然父母乐意，当孩子的自己，也不可能会问心无愧吧？况且，自己的生活本身就是项事业，用父母的钱越多，就等于父母投资得越多，久而久之，自己的发言权和自主权也会随之减少。更早一点经济独立，自己也许辛苦些，但知道不会带累父母，心态上会轻松许多。

然后，给自己订一个存钱的目标数字。不用太紧迫，但多少告诉自己，"攒满这个数"，而且将这个数字具象化，比如，"攒满一百万元，买艘自己喜欢的船"之类。这是为了让你明白：你为之努力的不只是个数字，而是一种你可以触及的生活。数字别太大，一个上班族如果每天想挣一亿元，就像你第一天跑步就跑马拉松似的，跑一公里就想回家睡大觉了。有个相对可靠的目标在前，人会下意识地节制其他欲望——甚至不用自己压制，就自然能节制了。

学会自己做饭。并不一定得每顿都自己做，但会做饭后，能对食材和基本营养学有个概念。大概知道自己每天吃到肚里的是什么东西，里面含什么，会对身体有怎样的影响。如此之后，会自然而然地吃得健康些。

具体到日常消费，买东西，各有各的习惯。许多人会建议说消费降级，多找代用品，多压缩欲望，等等。我个人建议是：买东西求精，但是少；求好，耐用。多数好东西，好有好的道理。

好东西是伺候人的，不至于让你反被牵制，东奔西跑。当你被某个劣质产品闹得头疼时，糟糕的心情和浪费的时间，就是你付出的代价。买好的东西，不用多，你有良好的体验感在其身上。你不会有遗憾，只会很满足、很珍惜，物尽其用，用透为止。好的东西，一个就够了。不憋屈自己，也不会让自己杂念丛生。

是的，省钱的秘诀就是：不要亏待自己。如果为了抠搜省钱憋屈了自己，亏待久了，迟早会反噬，到时才破财呢。

　　一定要给自己些许释放空间：穷家富路，在家吃点亏，出门别憋屈自己，尽早找到自己的舒适区。早点买好的、耐用的东西，见识过了顶级的存在，有利于人一览众山小，果断放弃其他乱七八糟的、不必要的玩意儿。

　　每个人在生活里，应该都认识那么一两位明明挺有钱，却看似无欲无求的。不是人家境界格外高尚，多半是，见识过了，也找到了自己的舒适区。

　　人一旦找到了自己的舒适区，会自然而然地放弃其他多余的玩意儿，时间长了，就自然清心寡欲，省下钱来了。我现在的生活方式，跟十年前也并无区别，虽然收入应该是涨了，但大体如旧。也因为早早知道自己想要的是什么，找到能让自己开心的东西了而已。

　　最后一件事，奢侈品理论里，有个要点是所谓社交距离。即，大多数溢价，买的不是一个物件实际的用途，而是它的社交价值。再说得直白点：你花的钱越多，就越有可能是为了给别人看，而不是给自己用的。但是给别人看，却是件低效率的事。比如你有一万块钱，用来买鸡蛋，都能吃到自己肚里；用来买个包，可能过往一百个人里，注意到你的包的人不过一两个，效率不高。

先满足自己，再取悦别人，这是一个理性的人应有的格局。所以，下决心买任何大东西前，多问自己一句："我是真想要这个，还是希望别人知道自己有这个？"

Part 2

少 年 时 的 快 乐 ,

往 往 更 纯 真

长大后，越发觉得少年时来之不易的快乐弥足珍贵，在
小小的心灵上撒下了快乐的种子。

年少时的
简单快乐

　　小时候，每周一我会在动画片时段看《机器猫》。在海南的漫画书上看《圣斗士星矢》和《龙珠》，每本一元九毛钱（后来涨到两元两毛钱）。当时途径有限，许多漫画看得断断续续。

　　现在可以看着汉化组甚至正版漫画资源跟连载的诸位，可能无法想象我们当时的艰苦。比如《圣斗士星矢》共九卷四十五本，我自己只买了最后两卷，其他是跟朋友交换着看的。许多人名和招式靠手抄。《龙珠》，我是从悟空变超级赛亚人后才有钱买漫画看，一直收集到悟空与沙鲁同归于尽。此前是跟朋友换着看、去租书摊坐着看，诸如此类。像我，当时看悟空打比克大魔王后，一度断了看漫画的途径。再看时，悟饭、小林已经到了那美克星——拉蒂兹是谁？贝吉塔是谁？界王拳是什么？悟空已经死过一次了？怎么可能?！我还记得当时看《龙珠》，一个人拿本漫画书在教室里一坐，全教室人围观；看完一页，打算翻，大家说："没看完呢！别翻！——行了可以了，下一页！"当时有本杂志叫《画书大王》，连载了一年24期。我是从第10期开始买的，到初中时全收齐。原因之一，是那漫画当时可以跟到《龙珠》最新进度，也可以让我见识许多著名漫画书：叶精作的《拍卖行》，成田美名子的《双星记》，北条司的出道作《我是男子汉》，诸如此类。这本杂志无法再看后，我们当地发行过《新画王》，说来惭愧，我是靠它才看到了 SLAM DUNK（即《灌篮高手》，以下简称 SD）的漫画版，以及高桥留美子老师的《一刻公寓》。

说到 SD，我小时候，同学们都是看动画，看到湘北出线就完了，也就我买漫画，可以告诉他们丰玉大荣、山王工业。现在许多漫画爱好者的"OP（即 ONE PIECE，《航海王》）太长啦，养着看，等'鱼人岛''德岛''大妈''和之岛'篇完了我再看"，在我们当时可是巨大的奢侈。有地方看，能跟到最新进度，就是莫大的幸福。还能"养着看"？

　　我上大学后写东西有了点收入租了房子，但那不算快乐。快乐是什么呢？是有钱买漫画书了，补了全套的《龙珠》、全套的 SD、全套的《圣斗士星矢》、全套的《阿拉蕾》、全套的《一刻公寓》。小时候看得粗疏的地方，可以慢慢看了。

　　看得进吗？看得进。
　　好看吗？好看极了。
　　快乐吗？快乐得不得了。

　　当然咯，我知道会有人说，没有小时候讨论的小伙伴了，没有小时候追更的迫切了……那个，恕我直言，这其实有点像"小时候给纸书翻页才有油墨香，给电子书翻页就没感觉了"——人在意的究竟该是内容本身，还是内容之外的东西呢？实际上，如果你真心爱过的话，补上过去，反而可以让你找到真正的乐园。

　　相当多数人，有这么个倾向：自己成年后喜欢的东西，多少隔了一层，再怎么喜欢，终究难以热爱。反而是自己年少时接触的音乐、漫画、小说、电视剧、游戏，曾经投入过时间和热爱的，是你心里真正的快乐内核。

我不知道大家有没有这种体验，比如，夏天到了，当你感叹"想念小时候的暑假"时，试试这么做：

——听少年时暑假爱听的歌，吃少年时暑假吃的瓜果，打少年时暑假打的游戏，看少年时暑假看的漫画。

——当然咯，去掉时光滤镜后，你会发现自己对过去有些美化，"原来以前打过的游戏，也有这么不人性化的一面；以前那么喜欢的漫画，也有点幼稚……"

——但只要投入时间了，看进去了，进入心流状态，你会发现，暑假的感觉，回来了，甚至当时闻过的气味、当时睡过的枕席、当时乘过的凉，都会一起回来。当时磕磕绊绊的，现在可以一气呵成地补上，会让你快乐到停不下来。

这是快乐的一个小秘诀：找到曾经让自己忘情快乐、投入过时间的东西，重新投入时间。你会发现，已有的美好感受都会重新浮现；而新注入的时光、这个年份的新愉悦，会成为新的乐趣。

童年时热爱过的漫画和游戏，本身始终是美好的。如果觉得不美好，只是因为个人的时间被切割碎了。真的能放松下来，找到一整块的时间，投入进去，就会自然忘情。等从快乐中抬起头，会发现不知不觉间，自己沉迷其中如许之久——就像小时候刚从租书摊或报刊亭看到最新进度，或者定时打开电视机等到最新一集剧情时，那段被快乐融化掉的时光。

至于其中的快乐，去问问那些已经把《我爱我家》和《武林外传》剧情倒背如流的人、那些定期重读金庸原著的人、那些到了夏天就要捧着西瓜看四大名著电视剧的人、那些每一帧表情包出自哪一集都了然于胸的"嬛学家"、那些在 SD 结束近三十年后还在琢磨湘北每一场比赛的每一幅画面的人、那些已经把将军冢走得滚瓜烂熟的仙剑 1 速通爱好者、那些变着法子给《霸王的大陆》和《吞食天地》搞翻版的人。许多人恐怕年纪也都不小了吧，去问："为什么要把时间都投在这里头？"恐怕其中不止一位，会跟您表达下面的意思：长大后经济独立，最重要的好处之一，就是可以相对名正言顺地，不怕人说三道四地，找回少年时撒下种子的快乐。

人生幸事：
睡到自然醒

我初上小学时，学校就在本新村，不用早起，便能走到。后来搬了家，临时要转学安插，去了一个远地的小学，离我家六公里之遥，以至于我早早地学会了骑车，每天早上穿过无锡城区，放学再穿过无锡城区回家。那时节，小学每天7点15分早读课，7点30分班会，7点45分开始上第一节课。我又怕遇到自行车拖链、忽然漏气、中途修路得绕弯等事，总是6点30分从自家出门。冬日里早晨6点30分出门，晚上6点到家，两头不见太阳。现在想起来，支撑着我这样每天早起的，大概是"当个好孩子"的念头，以及周围都在说"考个好中学，就不用起那么早了"。有个指望在前面，就觉得挺好。将来，总还有个能睡到自然醒的时候。

再便是，小时候总被年长者如此指导："小孩体力好，不用睡。""小孩哪会饿？就是馋。""小孩一盆火，不怕冷。""小孩懂啥难过。"如此这般，我也自然觉得："孩子嘛，年轻嘛，怎么折腾都行。"

上了中学，许多长辈也哄我："中学吃点苦，大学就轻松了！""人生难得几回搏！"

高中时，学了某篇课文后，我在班里偶尔会说句玩笑话。每次老师倡导我们苦拼之后出门去，我伸个懒腰，道："然则何时而乐耶？"那会儿的快乐还很简单，就是指望能做点自己的事，以及睡到自然醒。毕竟那会儿，每天早晨6点得起床，周日晚上9点多、10点的球赛都没法看。躺在床上，睡不着时还惴惴不安："现在睡不足，明早起不来怎么办？"大概，乐也无非是能睡个自然醒的觉吧。

高中暑假时，我在外婆家过。外婆早起，我起得晚，还觉得惭愧。我外婆倒觉得很自然，说小孩子觉多，老人觉少。说小孩子长身体，就该吃好睡好。那时我才知道，敢情不是我贪吃好睡，不是我懒惰成性，而是天然如此，年轻人觉就是稍微多些。可惜，也只有我外婆这么说。同时期，周围的论调大概都是：不赶早，就是懒！

那会儿听已工作的人说笑话，"睡觉睡到自然醒，数钱数到手抽筋"。后者我知道是奢望，但居然与前者并列，反过来说明，人哪怕毕了业工作了，也没有"睡到自然醒"的机会。于是多少觉得别扭，自小到大，都是在赶早，但赶来赶去，又图个什么呢？什么时候能睡个好觉呢？

小时候总有个指望："过了这个坎儿，就能休息了。"小学盼中学，中学盼大学，大学盼毕业。每个阶段，都有无数过来人在两边诱哄，一边在身后说要努力，要赶早；一边在身前说："过了这个坎儿就好了！"真的好了吗？我发现这种指望破灭时，人的积极性是很容易受挫的。人活着得有点指望啊。

刚才说到的"然则何时而乐耶"是范仲淹说的。范仲淹是个极有觉悟的人，超脱低级趣味的人，他"先天下之忧而忧，后天下之乐而乐"。但他也写过这么段：

昨夜因看蜀志，笑曹操孙权刘备。

用尽机关，徒劳心力，只得三分天地。

屈指细寻思，争如共、刘伶一醉？

人世都无百岁。

少痴騃、老成尪悴。

只有中间，些子少年，忍把浮名牵系？

一品与千金，问白发、如何回避？

童年、老年不提了，中间这些青年时光最珍贵，还要将浮名牵系吗？

我觉得，那些辛苦过、努力过、每天早起勤奋过，最后茫然若失，逐渐不想努力的青年，其怨怅之处都在这四个字上：空自，为谁？更直白一点：一直在辛苦，"然则何时而乐耶？"空自努力，又是为谁？

当然这么说可能不太积极上进，但我觉得：人生幸事，也不过就是能睡到自然醒。

人活着得有点指望啊。

是妈妈，
更是她自己

　　许多母亲为了孩子，或多或少地改变了自己的生活方式。她们对孩子的期望甚至苛求，某种程度上，也是她们自己人生经验与缺憾的投射。

　　所以我觉得，对妈妈的好，不一定是言听计从、俯首帖耳，或是试图成为她希望你成为的样子，而是尽力地让她可以轻松自在地找到并且过她自己想要的生活。

　　我爸妈颇为恩爱，若小打小闹，多是性格使然。我爸尚稳，慢悠悠，一辈子供职于一个单位，退休了，还被返聘，当了几年顾问；我妈则从纺织厂到制衣厂，从皮件加工厂到工业园，年过四十岁时，还自主创业了两次——其中一次还被亲戚坑了——算是她那一代人里极活泼的了。

她眼里见不得慢的，稍不如意，就要争上一争；没城府，爱憎分明，喜怒形于色；又爱听好话，听了就上头。譬如乡下亲戚办红白事，主办者惯例要大家交份子钱，自己大肆克扣，大家都不作声，只有我妈会跳将出来，指其藏私，训得那亲戚气急败坏，偏又拗不过理，只好闭户高叹："哎哟哟，你们都欺负我，哎哟哟，我再也不揽了，吃力死我了！"又譬如被人捧两句相貌年轻、行事勤快，我妈立时喜形于色，眉开眼笑。她四十来岁创业，租个办公室，雇了三个人做事——其中一个还是兼职——到最后几年，除去那三个人的工资，刨掉租办公室的钱，自己都剩不下什么了，就差克扣我爸早上吃面的钱了……我爸屡次劝她收了算啦，但她一听市场里几位老熟人打牌时感叹"徐总一个女的，做事真是爽快"，就神清气爽；三个员工中有一个人的老婆久病，家里缺钱，她一寻思，就又舍不得退了："我嘛退了回来吃吃困困（吴语曰"睡"为"困"，参见《阿Q正传》中向吴妈求爱段落）倒适意了，几个师傅哪亨办呢？"

我自小知道我妈脾气，大概从小学起就懂得哄我妈。比如，哪天我妈心气不顺，好像要迁怒我爸找点碴儿，通常是我妈说事，我爸敷衍；我妈嫌我爸态度敷衍，我爸又不肯敷衍得殷勤些，三两句话后，我妈就要絮叨起来。譬如，我妈："天气好，来晒被子。"（先头遇到不痛快的事了，说是天气好，语气却雷隐隐雾蒙蒙，一听便知）我爸："好。"（身子转了转站起身，但依然在看球赛）我妈："我说啊，一道来晒被子啊！"我爸："我这里球赛还要十分钟，看完再晒被子。"我妈（敏锐地捕捉了战机）："你看你又拖拖拉拉！"我爸："十分钟嘛，太阳现在还不算好，晒出去也晒不着什么。"我妈："你看你老是这么慢吞吞！我就烦你这个！"这时我横空出世，义正词严对我爸道："妈妈说得对！爸爸不许反口！妈妈何等辛苦，快坐下歇歇，爸爸快来跟我晒被子！"我爸鉴貌辨色，起身："好好好，来来来，儿子说得对……"边晒被子，边跟我挤挤眼。我妈坐下，气稍微顺了点。好，这次小风波算过去了。每个人的性格，除却一小部分天生之外，都是经历造就的。

以前写到过，我亲外公去世得早，我外婆改嫁给我的后外公后，吃了很多苦；我妈与她弟弟——我舅舅——一路长大，殊不容易。我爸当年与我妈谈恋爱时，面对面跟我后外公对峙过一次，大大提高了我外婆与我妈在家里的地位，这是他俩感情的基础所在。但终究成长路径曲折，我妈从小苦惯，所以事事争先，唯恐落人后；又喜听人奉承，但凡人给她好意，立时剖心沥肝，在所不辞；顺则喜，不顺则怒，还时不常要迁怒，都是如此。大多数急脾气的人，都或多或少存在长久潜在的不安全感。

每个父母给孩子提的意见，都是自己经验的投射。自己吃过什么亏，就格外怕孩子在这点上栽了。别人家是爸妈哄孩子，而我是从小就知道怎么哄我妈的。要说服父母，得花相当长的时间，他们形成自己的经验用了多久，解脱这点就需要多久。

我上大学离开无锡那年，我妈颇为焦心，还念叨过"要不然我跟你去上海，在你学校旁边租个铁皮棚子住，帮你做做饭也好"。的确，那之前十几年，虽然她也在忙事业——换了四个单位——但毕竟我总是在她生活中的。

我从上大学开始，与家里断了经济往来。"不用给我钱了，我自己想办法。你们想怎么玩怎么玩，想买什么买什么。"我自己写东西，但是，"我答应你们，不会退学，一定会拿到学位的。"答应拿到学位，是"阳奉"；断经济往来，自己写东西，是"阴违"。其实是我开始独立了，跟家里切分开了，但起步不用那么着急。

上海离无锡很近，所以我初到上海时，每周末都回家；后来，慢慢变成两周一次。我读大二时，自己用稿费悄没声租了房子，都拾掇停当了，才告诉我爸妈。果然我妈按捺不住，拉着我爸，非要过来看看，来了自然就挑刺，这房子这里不好那里不好……我爸在旁边笑眯眯地看着，临走前，我爸跟我说："挺好的，照顾好自己。你别听你妈挑那么多刺……"我说我懂的。大概，她对我住处的挑刺，类似于每个父亲看到女儿带男朋友回家时，满心不忿的感觉吧？"就这个，居然要把我孩子带走了！"那会儿我妈应该也明白，我大了，自己真要独立了。

我每次回家时，都会把自己出的书、刊登我的文章的杂志带回无锡，给我妈看。这点东西，行内人自然知道没啥了不起，但能当作证据，让我妈放心。如此反复过许多次后，大概到我大学毕业第二年吧，我跟我妈说，自己应该不会再上班了，就写东西了。我妈也就接受了，那时我跟家里断了经济往来有六年了，我妈也逐渐接受了"儿子自己大概能生活好吧"这回事。自己做的事，自己喜欢的不喜欢的，自己知道分量；但不妨挑一些世俗意义上比较显眼的出来给爸妈看。父母不一定了解你从事的行业，但会认结果。慢慢地，就能说服父母，让他们接受你的生活方式。父母不用做什么事都挂虑孩子了，也就能多少轻松起来，会开始有自己的规划。这时候，就反过来，轮到孩子支撑父母的生活了。

我大学毕业后又在上海待了六年，大概保持着每两周回一次无锡的习惯。我和爸妈日常会打电话、视频，给我爸妈买智能手机，教他们使用，教他们拓展自己的社交圈，鼓励我妈养狗，我自己包了我爸妈的日常开支，让我妈学会了网上购物。我虽然没在他们身边，但时时处处都还在他们的生活里。如此，我差不多用十年时间，让我妈慢慢习惯了日常身边没有我的生活，让她自己有了乐滋滋的新生活。于是，我自己也多少获得了自由。

这些年过去，我妈还是好动的，只是精力发散到了别的领域。她在社区里教跳操、教唱歌、编手工、搞刺绣，每天吃完饭，还要在小区微信群里听老阿姨们说家长里短，断家务事，于是家里堆满了社区阿姨们送来的东西，"徐阿姨你要收的呀，我好容易拿到你家来不好再拿走的呀"。以至于我每次回家，我妈都要通过若干个微信群宣布"近几天暂时不活动，要陪我儿子"，惹得我爸开玩笑："你看看你妈，空出这个档期不容易啊！"但我妈性子变温和了，不那么容易着急了。优哉游哉，乐乐呵呵。现在她就每天让我爸到处溜达，自己在家玩。每次跟我视频，她都急着跟我证明自己好得很，"你们千万不要担心"。跟人交流时，她还爱把我爸那句话挂在嘴边当口头禅："我们没法帮儿子什么，那就把自己的状态弄弄好，不要让儿子担心！"

以前写到过这事。2017 年 6 月，我："爸，你要学会用手机支付啊。"爸："学那个干吗？我平时花现金挺方便的。"（吃着西瓜）我："这样我手机上转钱给你，你就可以随意花，不用跟妈申请了。"爸："给我说说这个怎么用来着。"（放下西瓜）

2018 年，我给我爸妈开了亲属卡，从此他们的日常开支就直接走我的手机支付了，当然，我也看得见他俩怎么花钱了。开亲属卡的头三天，我半开玩笑地提了句："妈妈这三天花了两百多，爸爸只花了几十块。"我妈立刻就不好意思起来。之后几个月，我发现他俩的开支齐头并进，还经常是我爸比较多。问起来，我爸说："都是因为你妈，怕儿子觉得自己花钱多，所以我们一起出去时，她买东西总要我刷手机——这样显得自己在儿子那里，有个节俭的好名声！"

2019 年，我拉我爸妈远程旅行了一次。我妈千推万推，不要不要。我心里有数，很直接地告诉她，酒店订好了，机票也订好了，数字是这个数字，没法退，你不去玩，就浪费了。我妈一听可能浪费掉，急了，行行行。旅行过程大概如下：每到一处住下，我妈都念叨"哦哟喂，明天不要麻烦了，我嘛就在酒店里休息休息就好……"。第二天我一起床，发现我妈已经早起，出去玩了一圈，在朋友圈里发了照片，获得了一大群阿姨的赞美……我爸说，我妈有时候就跟小孩子似的……无锡话里，管孩子叫老小。我爸这么跟我解释，老人和小孩，到后来都是一样的。我觉得，父母将我们从孩子培养成人，他们自己变老，某些方面，也从成人变成了孩子。我们自己得花一些时间，才能找到自己的独立人生。同理，父母也得花一些时间，梳理他们自己那一阶段的人生。

大概我的方式是这样的，先断了经济往来，让我妈可以有自己的生活，自己的钱自己花，不必多为我考虑；自己做自己的事，让我妈慢慢相信我能独立生活；慢慢让我妈习惯了我不在她身边的日常生活，慢慢让她找到自己想过的新生活。然后支付着她的开支，让她继续自己找乐。

到现在，某种程度上，我们的生活还是密切联系着的，但又彼此分开了，建立起了各自的生活方式。前十几年，是我妈我爸把我养大，支应我的生活；后十几年，是我在慢慢哄我妈，支应她的生活。我开始独立前，还怕我妈那急性子受不了，现在看，还挺好，甚至我妈的急性子，还变缓和了呢。

时光里的
故乡

　　过年了，要回故乡了。然而故乡于你，意味着什么呢？

　　我有一个朋友，住在巴黎圣丹尼一带。站在家里阳台上，能看得见塞纳河与埃菲尔铁塔，言谈间，他会流露出上海腔。

　　"确实是上海人。"他说，"但很久没回去了。"上次回去是何时呢？"世博会那几年吧？"为什么不回去呢？他思忖有顷，说："现在回去看，上海都不认识了……也不一样了。"

　　他生在石库门里，说到上海，便回忆起五加皮、德兴馆、大光明电影院和大白兔奶糖，以及姚慕双、周柏春二位先生，还有 20 世纪 80 年代外滩某商厦门口摆的真人大米老鼠造型。"倒不是说现在上海不好，只是现在回去，都不认得了。"

巴黎十三区陈氏超市斜对面的烧腊店，剁鸭子的师傅说他出生在广州，只会广东话、法语和一口堪堪能听懂的普通话。剁鸭子到最后，他会问："脖子要？送给李。"然后自嘲地笑笑，"送给李，送给泥……你。我发不好这个音啊，我还是说广东话说得好。"

他上次回广州，是 2004 年了。家里还有亲戚，拉他去看天河体育中心，"好大呀！"他绘声绘色地摆手，眉飞色舞，然后摇摇头，"但是其他地方，我就不认识了！"

回到巴黎，他反而觉得自在些，左邻右舍是越南菜馆和潮汕茶馆，对门的酒吧，一群老广东在看赛马下注，听许冠杰和梅艳芳的歌。他觉得自在，"比我老家更像老家呃！"

　　我去阿姆斯特丹时，一位之前远程联系的电台编辑来见我，聊起来，竟发现是无锡人。"听口音都听不出来了！"再细聊，发现当初老家竟隔了不到两百米，自然相谈甚欢。

　　聊完之后，我们去水坝广场她推荐的老琴酒吧，一边喝酒一边聊无锡。若后来问我："你们之前在说无锡？""是啊。""我跟你回过那么多次无锡，可是你们说的地名……我都不认得。""现在那些地方，是没有了。"

　　以前我在上海，或我去上海时，前两次回无锡的家，思乡情切，在火车上都要哭了，到家，爸妈摆好满桌宴席，简直荣归凯旋。那几天，父母态度尤其好，平时在家难免有些小龃龉，独那几天，对我呵护备至。要走时，和爸妈殷勤牵手，不忍离别。

　　后来回得勤了，似乎也就好些。我通常一个月回家一次，多回几趟，也就常来常往了。到要走时，我提着箱子到门口："妈，我走了！"我妈拿着 iPad 打牌，头也不抬："路上小心！"

上海和无锡，本来相隔就不远。轨道交通发达之后，从上海到无锡，几乎到了"午间随时出门，下午茶可以在另一个城市吃"的地步。这时候就不太思乡了，思乡那么沉厚，路程那么轻盈，总觉得配不上似的。

我到巴黎之后的第一个冬天，难免思乡。说来也奇怪，那时想念故乡，竟有些模糊。不知道是该想念八岁之前那个家、十八岁之前那个家呢，还是上海那个家呢。想到家，想的也不是无锡的那些风景名胜，或是上海的高楼大厦，而总是些最熟悉不过的。无锡两个家附近的菜场与小吃摊，上海那个家周遭的便利店与野猫出没的院落。所以……我思的，到底是哪个家呢？

话说，故乡到底是什么呢？是个地名吗？是上海、广州、无锡、北京这些地名吗？然而大家回去了，都物是人非。是口音？食物？家人？"乡音无改鬓毛衰"？"爷娘闻女来，出郭相扶将"？还是其他细节，比如家乡的哪棵树，家乡的哪个邻居，家乡的猫狗，家乡的自己跑过的某条路？怕都不是吧。

"十五从军征，八十始得归。"人最难过的是，回了乡，物是人非了。可是世事本就会物是人非，变换不休吧。我的几位北京朋友，最听不得我说北京的不好。当我请他们说北京的好处时，他们会满怀向往地说起玉渊潭、八一湖、北海公园，说起单位筒子楼里饺子做得很好吃的大妈。

现在的北京呢？嗯，也挺好的呀，是挺好的，因为，小时候的亲友都还在那儿呢……但就是……不是以前的北京了。

2015 年秋天，我回到故乡，有朋友请吃了高档的苏帮菜，"知道你喜欢这个口味"，我吃了，但并没怎么欢喜。在苏州，一位老师拉我到一个店里，点了馄饨、汤包、糯米糖藕、干丝、肝肺汤，我笑逐颜开。那时我才意识到，我思念的、我喜欢的，也许不是所谓故乡的饮食，而是我小时候吃惯的饮食。我想要回去的故乡，是我小时候习惯的故乡。

思乡的人最欣慰的便是出去一趟，回来，故园还在。树犹如此，人何以堪？外面风云变幻，家里还是温暖的港湾。思乡的人最难过的便是：哎呀，一回家，物是人非，父母老了，有许多白发了！这么想来，便不难理解了，为什么许多人回到故乡时，觉得熟悉又陌生；初时快乐，待一段，便又想走了。大概许多人思念的所谓故乡，不是故乡本身，而是自己小时候那段无忧无虑的时光里的那个故乡，是还没有老去的父母。

所谓我们想回去的故乡，更多的是"还保留着少年时光影踪的故乡"。然而，真正的故乡，在离开的一瞬间，其实已经丢失了，随着时间跑走了。再回去，也只是尽量找当年的余韵，找那些"还没有变化"的地方。所以每次回乡，也只是这样子，回来了，就好。重温一遍，汲取够了以前的记忆，于是，又能继续生活下去了。所以，大概说到故乡时，我们需要的其实是时光机。但因为时光机不可得，所以才回故乡，找些永远不会改变的记忆。

假装时间并没有走，我们并没有长大，一切还如少年时一样。

真正的故乡，在离开的一瞬间，其实已经丢
失了，随着时间跑走了。

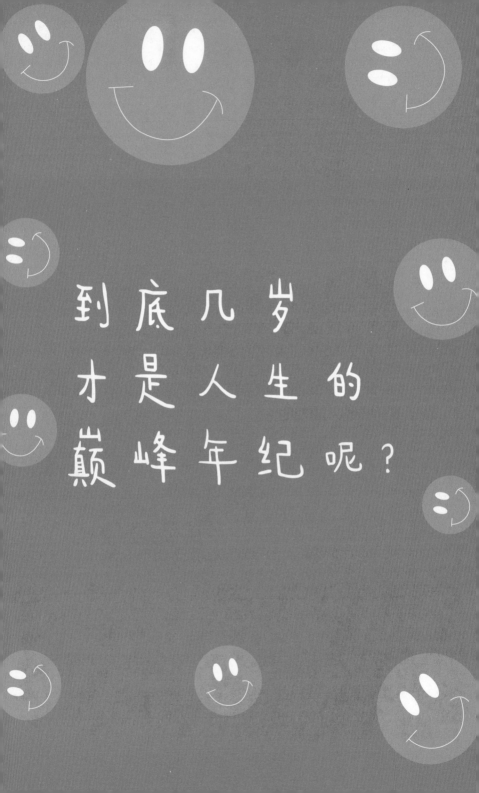

到底几岁才是人生的巅峰年纪呢？

古代，平均寿命短，人也必须早早担负责任，成熟得早。十来岁成婚生子的所在多有。《红楼梦》里，王熙凤二十来岁，已经是当家少妇的身份了。苏轼"老夫聊发少年狂"时，还不到四十岁。朱自清先生写出沉重苍凉的《背影》时，不到三十岁。

我觉得也和营养短缺有关。古代人营养和医疗条件差，所以人生七十古来稀，年纪稍微大一点，身体就有问题。苏轼到四十来岁，已经要"倚杖听江声"了。但即便是上古年代，巅峰年龄也不一定跟年轻挂钩。

古希腊时期是最崇尚身体健美的时期，斯巴达是最尚武的城邦，但好像也不尽是崇奉少年。斯巴达公民一般过三十岁才娶妻生子，兵役从二十岁服到六十岁。斯巴达两个国王以下的长老会议，六十岁以上的公民才能入选。大概意思，六十岁上阵是不行了，治理城邦却还是好年纪。

大概不同的年龄，长处也不同：少年适合上阵打仗，老年人适合运筹帷幄——这还是公元前的观念。

理论上，人年少时，除了年轻体力好，可能一无所有。奔忙，工作，成长，用青春换取一切。到了某个年纪，不说不惑、从心所欲吧，至少能够自持了。

许多人早早地感叹老了，其实未必：保护好身体，巅峰期还早得很呢。现代人摄入蛋白质，远胜过古代。平均寿命提高，依赖体力更少，则巅峰年龄的范围，也应该更宽。

村上春树有篇小说《游泳池畔》，里头的男主角三十五岁，虽然在实实在在地变老（他自己也承认），但是因为坚持锻炼，身体的爆发力虽不及少年时，持久力却还要好些。到三十五岁，他经济也优裕了，见识也广了，只要身体还成，理论上，三十五岁比二十岁时要好得多了。

按照现有的人类营养摄入和医疗条件，人生很长。别着急觉得自己老了，巅峰期过了，老这种事，等真来了的时候再考虑好了。

众所周知，竞技体育是个用运动能力兑换技艺与经验的领域。大多数天才的运动能力随时间流逝，而经验技术日益增长。此消彼长之间，如果身体先垮了，那就会早衰；如果技艺大成时，身体还能保持巅峰状态，那就是老而弥辣。

人其实是用自己的天赋跟时间换取经验和技术。年龄增长，球员获得经验与技术，身体退步。只要经验与技术增长得快，而身体退步慢，那球员巅峰期能延续得很长。乔丹三十五岁完成三连冠。费德勒三十六岁巅峰重开。齐达内三十四岁带队进入世界杯决赛并斩获世界杯金球奖。

王小波写出那些最有趣的小说时，人其实也四十多了，但我们读时，不太会觉得，因为他的心态一直挺活泼。《红拂夜奔》里，王小波说，李靖是在放弃跟人证明自己很聪明时，才一瞬间变老了。李靖在五十岁那年才为李世民正经做点啥。刘邦四十七岁开始起事。刘备在差不多相同的岁数刚遇到诸葛亮。日本史上浮世绘第一人葛饰北斋，六十三岁到七十一岁之间收罗素材，七十四岁画出《富岳三十六景》。"说实在的，我七十岁之前所画过的东西，都不怎么样，也不值得一提。我想，我还得继续努力，才能在一百岁的时候，画出一些比较了不起的东西。"到他年近九十，将要过世时，还说："我多希望自己还能再多活五年，如此我才能尝试成为一个真正的画家。"所以我觉得，世上没有巅峰的年纪，只有年龄所得与所失的落差。

人当然无法抵抗生理规律，但具体看怎么分。体操运动员巅峰期普遍是十几二十岁，足球运动员三十岁前后正当年，高尔夫运动员可以打到四五十岁，国际象棋大师的年纪那就更宽了，托尔斯泰三十六岁开始写《战争与和平》，苏轼在黄州时是四十来岁，巴赫一般评价最好的作品是在四十岁后创作的，海顿的音乐巅峰期一般被认为是花甲之年了。

通常越需要体力的，巅峰年龄越小；越需要脑力和经验的，巅峰年龄越大。一个年纪有一个年纪适合做的事。

有一种情况，是最值得警惕的。逝世的德国足球巨星盖德·穆勒，年少时踢球，与贝肯鲍尔也算西德双璧。穆勒退役后，酗酒等问题找上了他，此后生涯相对黯淡些，可以说，他的巅峰岁月都留在球员时期了。贝肯鲍尔不当球员了，当教练拿了世界冠军，当俱乐部老总带拜仁上了巅峰，然后当德国足协副主席、国际足联副主席……

球员时期，更靠身体；非球员时期，靠别的。只有当一个人是被限定在某种标签上时，巅峰年龄才会被断章取义。在经验、技艺与经济自由的同时，尽量减缓自己生理上的退步——简单说，变得更聪明，经济更宽裕，同时身体也别弄得太差。与此同时，扩大自己更多的可能性，在一个角色将要演完时，转换另一个角色，你就能一直延长自己的巅峰岁月。人只有在服老放弃、真觉得自己老了的时候，那才是真正老了。别被钉死在一种观念之上。

最后一点小真实：更进一步，当有人试图判断你的巅峰年纪时，其实意味着他（可能无意间）已经将你限制在了某个阶段，某个角色之上了，即认为你已经无法胜任别的角色了。而相当多数传递焦虑，有意嫌你已经过了巅峰年龄的人——真实目的是，讨价还价时压你的价。

毕竟，只有流水线商品，才论保质期。

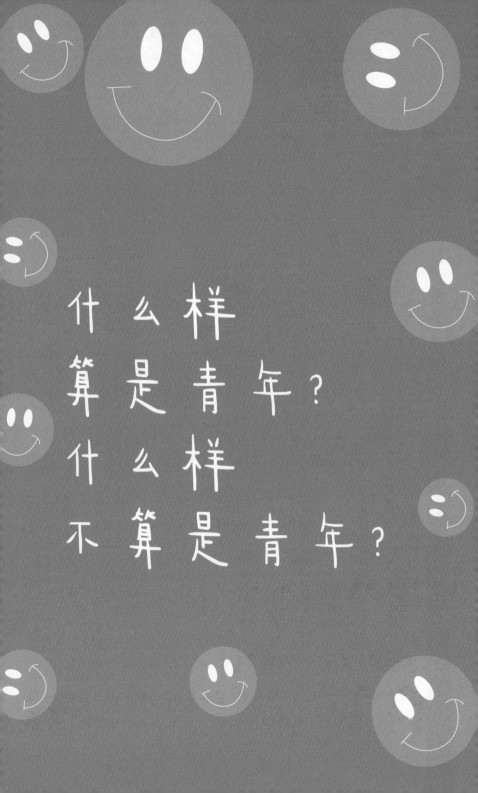

什么样
算是青年？
什么样
不算是青年？

什么样算是青年？

王小波的《黄金时代》里这段话极有名："那一天我
二十一岁，在我一生的黄金时代。我有好多奢望。我想爱，
想吃，还想在一瞬间变成天上半明半暗的云。后来我才知
道，生活就是个缓慢受锤的过程，人一天天老下去，奢望
也一天天消失，最后变得像挨了锤的牛一样。可是我过
二十一岁生日时没有预见到这一点。我觉得自己会永远生
猛下去，什么也锤不了我。"大概，只要还有欲望，只要没
被锤，就算是青年吧。

王小波的《黄金时代》出版时，人有四十岁了。但我
读他的小说时，没觉出老气。《寻找无双》，他四十一岁时

写完的。开头就是一段很酷的话："这是我的第一部长篇小说，写完的时候，我突然想起了《变形记》（奥维德）的最后几行：吾诗已成。无论大神的震怒，还是山崩地裂，都不能把它化为无形！"在另一篇里，他这么说："人在年轻时充满了做事的冲动，无休无止地变革一切，等到这些冲动骤然消失，他就老了。"——王小波《红拂夜奔》。

我是觉得，王小波至死是青年。不是年龄（他终年不到四十五岁），而是心气。类似地，写《狂人日记》时，鲁迅先生三十七岁了，写《铸剑》时，四十六岁了，但昂扬狷介，难以泯灭。这就是青年气吧？

反过来，被锤过的人是什么样？《鹿鼎记》里有个郑克塽，归降之后，被韦小宝紧着欺负。有段戏份很精彩，韦小宝去多年不见的郑克塽府上讹钱，一看他，认不出来了。那时郑克塽留着小胡子，须发灰白。投降之后，夙夜忧心，慢慢就驼背弯腰。明明年纪并不大，却已经没人气儿了。这就是所谓被锤了。哪怕年纪不算大，但也不能算青年了。

青年并不一定是好的。谁年轻的时候，都有粗糙、愚蠢、生猛、犯错、狂妄、叛逆、攻击性十足、不知天高地厚的时候。后来想起来，都不免面红过耳。

实际上，青年，大概都有"真香"的过程。

——会大言不惭地自我表述，但面对欲望（比如食欲）又会改颜相向。

但这样也挺好。

如果因为会犯错就什么都不做了，好像也……不大对？雷诺阿年轻时跟莫奈一起反安格尔。两个穷光蛋少年画家，一起反安格尔的新古典主义。过了四十岁，他去意大利看了拉斐尔的原作，回头对安格尔产生了兴趣。以至于 1883 —1887 年那几年，他的作品被称为"安格尔时期"。到老了，回忆起来，还是说自己年少时好，和莫奈穿得漂漂亮亮的，去别家蹭饭，吃鸡，喝香贝坦红酒，"那是人生中最快乐的日子"。您看，这就是雷诺阿版本的"想吃想喝"。那时他快七十岁了，还能画出这类作品的气性。

法国学者丹纳先生，说古希腊文学有种"永远 25 岁"的气质。我们都知道的故事：墨涅拉俄斯的老婆海伦被帕里斯拐走了，希腊人起十万大军，堵着特洛伊的门不放。阿喀琉斯和阿伽门农都是儿女能上阵的人了，还为了个女人吵架，吵到军队分崩。真打起来，尸山血海。阿喀琉斯为了自己的远亲兼情人之死号啕，又愿意上阵去打仗了。杀死了赫克托耳之后，驾车拖着尸体在城下来回溜达。气消了，赫克托耳他爸爸过来一哭一求，就把尸体还回去了。乍看就像小孩吵架。赤裸裸的欲望，直来直去，都没点忍辱负重、顾全大局的样子。但这就是青年。

所谓史诗，一定程度上是欲望与激情在推动。征服的征服，回家的回家，爱的爱，恨的恨，都很纯粹。托尔斯泰说他喜欢古希腊这劲头，就像阳光下的泉水清澈见底，有沙子会咯喉咙，但是爽。

青年并不总是圆润纯真，但青年就意味着，不会无欲无求。一灯大师感知过杨过的内力，觉得自己的内功比他精纯，但雄厚澎湃，颇有不及——这就是青年的力量。要指望早早地圆润精致，很难。

浪潮不会静水流深，但滚滚往前，无法遏制。有许多奢望，想吃，想喝，想爱，想变成云。会犯错，会吵吵，会跌倒，但勇往直前。白眼看天，对自己想要的东西不离不弃。

所以，青年跟年龄没必然联系。1919 年《热风》随感录三十九，鲁迅先生嘲讽守旧分子："从前的经验，是从皇帝脚底下学得；现在与将来的经验，是从皇帝的奴才的脚底下学得。"随感录四十一，有人写匿名信，让鲁迅先生"没有本领便不必提倡改革"。

在他看来，这就是古猴子不肯努力变人，到现在也只是耍猴戏，不肯站起来学人话。于是引出那段著名的话："愿中国青年都摆脱冷气，只是向上走，不必听自暴自弃者流的话；能做事的做事，能发声的发声；有一分热，发一分光，就令萤火一般，也可以在黑暗里发一点光，不必等候炬火。此后如竟没有炬火，我便是唯一的光。"这时他三十八岁了，但毫无守旧之心。

他所谓的向上，充满青年气象，不怕标新立异，不怕触及积习。孤独着，也要向上去。那些并不总是美好的欲望，事后想起来并不总是正确的冒险，急不择言的冲动，会被其他人当作是奢望的念头，以及这一切融汇而成，支配着行动，停不下来的激情。

还在梦想，还在（不怕犯错地）前进，这才是青年。

他所谓的向上，充满青年气象，不怕标新立异，不怕触及积习。孤独着，也要向上去。

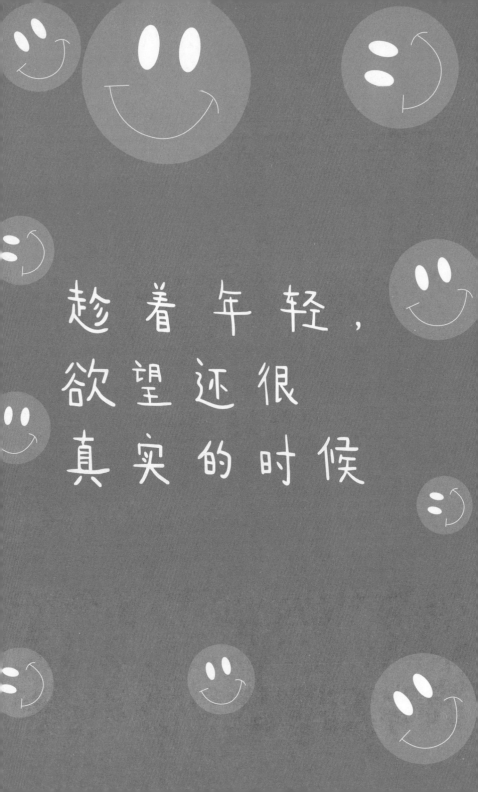

趁着年轻，
欲望还很
真实的时候

　　苏轼有一首诗写春菜，琢磨荠菜配肥白鱼，考虑青蒿和凉饼的问题，想宿酒春睡之后起床，穿鞋子踏田去踩菜。说着说着，就念叨北方苦寒，还是四川老家好，冬天有蔬菜吃。说着说着，想到苦笋和江豚，都要哭了。如果到此为止，看去也不过像张季鹰的"人生贵适意，怎么能为了求官远走千里而放弃吴中的鲈鱼莼菜羹呢"的调子。

　　苏轼的话没那么超拔，但平实得让人害怕："明年投劾径须归，莫待齿摇并发脱。"家乡的东西永远好吃，但等牙齿没了头发掉了，就吃不出味来了。

　　我上幼儿园时，看连环画《兴唐传》，看得如痴如醉。程咬金劫皇杠，贾家楼四十六友结拜，秦琼九战魏文通，程咬金三斧定瓦岗，看得那个得劲儿啊，然后到杨林来摆铜旗阵，断了，没下文了。我搜罗许久，找不到。想买新的，爸妈当然不肯给这份钱。我是大概到了小学二年级，才获得了"期中、期末考试得双百，可以给你买套书"的待遇，但那时书店里已经不卖这套连环画了。

很多年后，我看了陈荫荣先生的评书《兴唐传》版本，知道了剧情，然后在上海漕溪路看到卖老连环画的。我蹲着，把那本连环画看完了。看完还是开心的，但有些遗憾。毕竟，那个一门心思琢磨瓦岗寨英雄、琢磨杨林老儿、琢磨罗成与单雄信恩怨的七岁的我，已经永远消失了。

自小到大，许多父母很喜欢跟孩子说，推迟一点欲望。这个也说"以后你长大了也不迟"，那个也说"以后你长大了再说"。代之给孩子的，多是孩子并不喜欢的东西，如"这个将来有用""那个将来有用"。

我亲见过许多孩子，在应该看漫画、玩玩具、打游戏、读书的时期，面无表情地"锯"着小提琴（将来成为小提琴演奏家的凤毛麟角）、敲着钢琴、学着书法（然而并没什么机会写书法），主要用途是一些中学毕业后便用来糊墙壁的比赛证书，以及父母们偶或跟亲友们的吹嘘："看我们家孩子多好！"至于孩子自己喜欢的东西呢？"你们长大了总会有的！"

有些东西，是人自己想要；有些东西，是人希望别人知道自己拥有。越深入社会，就越难区分明白这两样东西了。许多人得到了某些追求已久的东西，却并不开心。可能是因为，那并非真正喜爱的；也可能是因为，时间太久了，已经忘了真心喜欢一样东西是什么感觉了。

少年时喜欢某种东西，往往最真诚。少年时的欢愉，也最美丽。雷诺阿七十多岁时，亲眼看见自己的作品进了卢浮宫，看见自己成了活着的传奇。但说到人生最快乐的时光时，他就想起少时好友莫奈。少年时的莫奈，打扮很是小布尔乔亚情调，虽然穷困，却打扮得像花花公子。"他兜里一毛钱都没有，却要穿花边袖子，装金纽扣的衣服！"在他们穷困时，这衣裳帮了大忙。那时学生吃得差，雷诺阿和莫奈每日吃两样东西度日，一四季豆，二扁豆。幸而莫奈穿得阔气，能够跟朋友们骗些饭局。

晚年风格多变、功成名就之后的雷诺阿，画作已经开始被国家收购的雷诺阿，对他的女儿说自己二十啷当岁时，姿态一如他终身秉持的乐乐呵呵。他说，每次有饭局，他和莫奈两人就窜上门去，疯狂地吃火鸡，往肚子里浇香贝坦红葡萄酒，把别人家存粮吃罢，才兴高采烈离去。"那是我人生里最快乐的时光！"

人的快乐，就是欲望得到满足。欲望如果略微抻一抻，满足的快感可能更强烈——这道理在男女交往中也适用。但抻久了，就容易没乐子了。自己真正想要的东西，往往比给别人看的门面货便宜得多。因为每个人真正隐秘的乐趣，往往并不会花那么多钱。那通常是些隐藏已久的小快乐与小秘密，是注定要为某些奇怪的消费牺牲掉的，却是你内心真实想要的东西。

多少人年少时，曾经为了某些自认为宏伟的愿望割舍了一点喜欢的东西，总存着念想，"将来总会补上的"。到后来，发现自己积攒的那些钱其实微不足道，而丢失的乐趣再难找回时，多少有点怅惘。辛弃疾说得更直白些："莫避春阴上马迟，春来未有不阴时。"

　　总想着等个晴天，可是一整个春天都是阴天的话，难道就不出门了吗？我一位长辈，酷爱饮酒、吃海鲜，但到了五十二岁，经济和时间都宽裕了，还住到了离海不远的地方，却戒海鲜了，"痛风，不能吃了"。他扳着指头跟我计算牙齿还能撑几年，头发还能撑几年，腿脚和眼睛还能够他开几年车、走几年路……当人细细琢磨这些时，才会发现不用考虑这些时，是何等快乐。毕竟年轻时的愿望与快乐，总是最真诚。

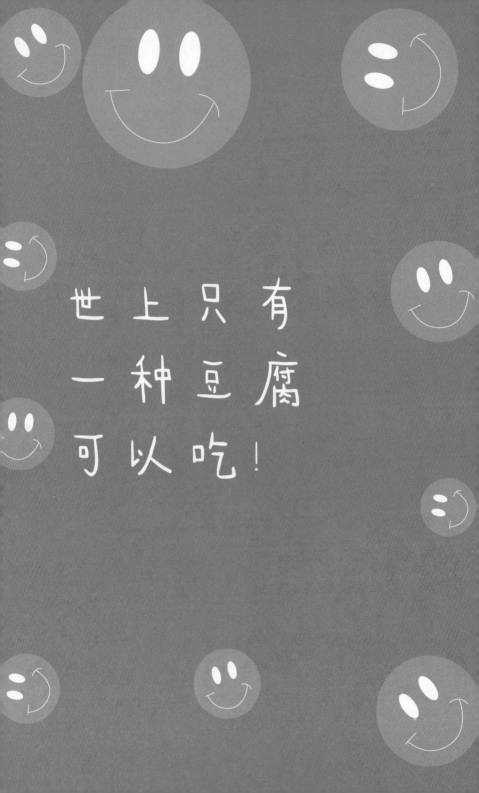

世上只有
一种豆腐
可以吃！

　　张佳玮爱吃豆腐，确切地说，是喜欢豆腐的一种吃法。他曾看着爸爸，端出一块不那么嫩的豆腐，往上撒盐，然后使筷子拌；拌完了，张佳玮刚想举筷子，爸爸叫停，"要等一等"。等什么呢？张佳玮也不知道。但等了会儿，下筷子时，觉得盐跟豆腐渗融了，入味了，有些汁水，吃起来有别样的味道，很下饭。

　　张佳玮就这样，吃了一辈子豆腐。

　　他有眼睛，看得见邻居有人吃米饭；他还有鼻子，有时也闻得见隔壁油焖茄子的香味儿；他也有耳朵，听说远地方靠河人家钓了鱼来熬吃。然而，这些玩意儿哪能和豆腐相比呢？眼睛、鼻子和耳朵也是多事，告诉他这个干吗？剜了眼睛、割了鼻子、刺穿耳朵太血腥啦，那就把眼睛蒙住、鼻子塞住、耳朵堵住好了。

日子长了，张佳玮觉得，眼睛已经看不见米饭了，鼻子已经闻不见香味儿了，耳朵已经听不见别人说"山中走兽云中雁，陆地牛羊海底鲜"了。他可以放心大胆，接着吃豆腐了。

张佳玮自己当爸爸了，他每天给孩子吃盐卤豆腐。孩子多将起来，七张八嘴，自然有人不爱吃豆腐。张佳玮就将自己关于豆腐的感悟说给孩子们听。他说："豆腐虽然淡而无味，但白净温润，加了盐就有味道了，多好。你们现在不懂这个滋味，是因为年纪小。年纪长了，就知道了。"

当然，那是心情好的时候。一个人给许多孩子做饭，也有心气逆的时候。那时节，张佳玮的眉毛和脾气都叛逆了起来，每逢孩子们问起来，就粗声大气说："吃你的豆腐去！"

孩子们噤了声，张佳玮很满意。大家能一起安心吃豆腐，这日子就太平了。

　　然而孩子们不是盆景，没法靠修剪就顺着人的意思成长。张佳玮也没法每晚上给孩子们的舌头上课。所以，当某一天，他翻检孩子们的书包，在老大包里发现了无花果，老二包里发现了巧克力，老三包里发现了冰糖葫芦，老四包里发现了塑料袋裹着的萝卜丝饼，老五包里发现了臭豆腐，老六包里发现了牛肉干……张佳玮觉得自己要被雷劈死了。

　　吃了一辈子豆腐的张佳玮很生气，后果很严重。张佳玮切好了一大块豆腐，用盐卤了卤，看着孩子们吃下去了，看着孩子们点头咂吧嘴了——没咂吧嘴的孩子被张佳玮盯得害怕，于是也咂吧了几下——这才微笑了。

　　张佳玮总结了一下，觉得自己不能任孩子们胡作非为。语言是最强有力的武器，论述可以每天灌进孩子们耳中。于是此后，每晚大家吃豆腐时，张佳玮都要教育孩子们。当然，因为他只懂得盐卤豆腐，所以一切只得从盐卤豆腐的角度出发。

　　烤章鱼有什么好吃的？有豆腐健康吗？

鹅肝有什么好吃的？有豆腐白吗？

牛里脊有什么好吃的？有豆腐吃了不上火吗？

鲣鱼有什么好吃的？有豆腐这么滑吗？

松露有什么好吃的？有豆腐这样味道清淡吗？

螃蟹有什么好吃的？有豆腐这样简便吗？

这些东西，有爸爸给你们做的豆腐这么有感情、有历史、有渊源吗？

说着说着，张佳玮觉得不仅是儿子们，自己也被说服了。于是他又理直气壮地开始带领孩子们吃豆腐。吃着，他还不忘告诉孩子们："凡是为了满足家里吃盐卤豆腐这一条件的采买购物，我都坚决维护。凡是盐卤豆腐的传统食谱，我都始终不渝地遵循。"

可恨的是，孩子们长了眼睛，可以看；长了耳朵，可以听；长了鼻子，可以闻；还长了腿，可以到处走。孩子们长大了，就对张佳玮说："爸爸！豆浆点了卤，点得嫩嫩的，还有豆香呢！这时盛一碗出来，加酱油、榨菜丁、虾米和麻油，可好吃了！""爸爸！生豆腐刚出来，温温润润泛黄的时

候，下一点葱和酱油，就可以吃！可好吃了！""爸爸！豆腐
用开水烫一烫，撒点儿紫香椿，紫香椿烫过就变鲜绿了，拌
豆腐吃，可香！""爸爸！把皮蛋切了，拌嫩豆腐，下一
点酱油和麻油，也很滑的！""爸爸！豆腐放平底锅里，稍
加点油，煎一煎，再随便下点葱、姜炝个锅，烧一烧，很好
吃的！""爸爸！把芋头磨成泥，去水的豆腐过了筛子成花
儿，混合起来，蒸一蒸，特别香！这是《豆腐百珍》中的做
法。""爸爸！豆腐切片后烤一烤，加点儿酱油和酒煮，再用
芝麻油炸一炸，特别好吃！""爸爸！豆腐磨碎，拌了鸡蛋，
煎一煎，用汤煮一下，加酱油出锅，也好吃的！""爸爸！六
杯水，一杯酱油，一杯酒，煮豆腐。煮完了，下萝卜泥和海
苔碎，特别香！"

　　张佳玮听着，心猿意马起来。如果这话说给别人听，
未必会动心。然而他自己吃了一辈子豆腐，也确实了解豆
腐的味道。孩子们说的这些吃法，确实应该很美妙。他脑
海里浮出个气泡，气泡里，这些豆腐袅袅腾腾、活色生香，
让他不能自已。他也想尝试一下新鲜的。可是在孩子们面
前，怎么能栽面儿呢？

　　张佳玮清楚地知道，盐卤豆腐就是他的一切。他是凭着资历、年纪、体力和伦理的优势，让这个屋檐下的孩子们承认盐卤豆腐好吃的。只要这一点共识还在，他就还能说话算数。如果他吃了别的豆腐，而且说了声"好"，那么一切就完了。晚节还要不要啦？孩子们私下怎么评价他？以后他在这家里怎么做人呢？

　　张佳玮知道孩子们未必会对付他，但他很害怕。以前他觉得自己做的事天经地义，但现在，他自己的信仰都动摇了，就有问题了。

　　夜深人静，孩子们都睡熟了，张佳玮偷偷爬起来，到厨房里去。他很想按着孩子们的建议做一碗豆腐吃，可是，哎，怎么下手呢？

　　吃了一辈子豆腐之后，张佳玮一直不太愿意想这事儿，平时忙，又紧张，更不易想起。但这时夜深人静，面对着吃了一辈子的豆腐，张佳玮思索开了。如果吃了按孩子们建议的做法做的豆腐，哪怕孩子们不发觉吧，万一，他自己觉得，这个豆腐好吃呢？

他没吃过，他吃了一辈子盐卤豆腐。他很明白，蒸豆腐、炒豆腐、煎豆腐、炸豆腐一定都很好吃。如果承认了这些豆腐好吃，那么，吃了一辈子盐卤豆腐的他，又算是什么呢？

吃了一辈子豆腐的张佳玮开始生气。他气自己可能会爱上一种他从来没吃过的豆腐，然后，长久以来，他吃盐卤豆腐的人生，就会失去意义了；长久以来，他对孩子们的谆谆教诲，就会显得滑稽可笑。但他又不能气自己一辈子只吃盐卤豆腐这回事，因为承认了这一点，就真的让自己的人生没有意义了。

张佳玮回想起那一天，他曾看着爸爸，端出一块不那么嫩的豆腐，往上撒盐，然后使筷子拌；拌完了，张佳玮刚想举筷子，爸爸叫停，"要等一等"。等什么呢？张佳玮也不知道。但等了会儿，下筷子时，觉得盐跟豆腐渗融了，入味了，有些汁水，吃起来有别样的味道，很下饭。

这会儿，张佳玮模模糊糊想道：如果，那一天，他跟他爸爸说一句"豆腐其实有别的吃法哟"，然后，爸爸给他多一点选择，欣然和他开始尝试另一种做法，允许他吃炒豆腐、煎豆腐、炸豆腐、汤豆腐……他的人生会不会稍微不一样呢？不对！不能想！

吃了一辈子豆腐的张佳玮拍了拍脑袋。他知道自己的时代终究会过去，他的孩子们终究会知道世上其他的美食，可是此时此刻，为了他长久以来的人生意义，为了他人生迄今拼命维护的一切，他恶狠狠地说：世界上只有一种豆腐可以吃！就是盐卤豆腐！只有一种！没别的！

他知道自己的时代终究会过去。

Part 3

真正的快乐内核，
是投入时间和热爱

人是得有点自己的时间、自己的娱乐，才会觉得日子过
得下去的。

戒焦虑

如果焦虑了，怎么办？

首要的便是：尝试在现有的生活范围内，吃好喝好睡好，稍微放松一下身心——让身体上紧绷不舒适的地方缓解一下。

人的情绪看似主观，但多是激素分泌驱动。许多不好的情绪，起源是身体出了问题。倒不是说，所有焦虑都是身体差了才产生的；但身体糟糕，会放大焦虑。想解决问题，则吃好喝好，足足地睡一觉，先让身体放松下来。焦虑不一定会消失，但会稍微减少，不至于瞎膨胀。然后，面对自己的焦虑，追根溯源。

焦虑看似是外部原因引起的，但许多时候是起于内心。大概，绝大部分焦虑情绪，都是自己对外部某件事的反应。许多人会因为过于焦虑，不肯直面，越想躲就越怕。许多人并不肯细想自己在焦虑什么，却是在焦虑"我居然有焦虑"这件事本身。

所以不妨想想：我在为什么焦虑？这事糟糕到底，可能会怎么样？这最糟的可能性，又有多大？这最糟的情况，是大概率会发生的，还是自己想象出来的？

许多想象力丰富的人，会出于自我保护，设想最糟的情况；但想太多了，反而会吓到自己。如果是大概率不会发生的事，何必自己吓自己？追根溯源到最后，发现焦虑源了，再想清楚：为了缓解这焦虑，自己能做什么？自己能控制的有多少？有多少是自己无法控制的？

许多人焦虑，是怕对可控的事失去控制力，然后便是：怕明明可控的事自己却没做。但一旦确认自己可控的事都做了，不可控的事也没办法，反而会好些——有点类似于考前焦虑，拼命温习，就怕没温习到；真到要考试了，复习材料得收起来了，反而会淡定一些，是所谓"该做的我都做了"的心理。所谓"尽人事听天命"，也就是这样了。得正面地想清楚焦虑源，把可控的部分做了；面对那剩下的不可控的，也就相对坦荡了。

当然，也有人是习惯性焦虑：一件事焦虑完了，就找点新的事让自己焦虑。那是习惯了未雨绸缪，习惯了凡事往坏处想，生怕自己一放松就有坏事降临。这许多时候，是早年经验使然，毕竟许多人少年时就受到了"常将有日思无日"的教育，动不动就想一辈子。生年不满百，常怀千岁忧。

这是许多长期焦虑的人的通病：他们的焦虑源不一定在当下，却远远存在于少时所受的习惯教育里，以至于遇到什么事都会焦虑，不值得焦虑的事也要整出来自己焦虑一下子。研究克尔凯郭尔和卡夫卡的人，都认为这种心理可能与家庭权威相关——越是小时候被管头管脚多了的，越容易这样。社交关系，而非不断经历的事件，才是焦虑源。

这就得说到最后一个法子了：简化社交。

话说，大多数人越焦虑越觉得失去控制力时，越爱社交。不信您去看那些平时不太联系，忽然来没话找话说的人，他们多半是焦虑了。许多焦虑的人不听劝，其实也不需要劝，需要的只是你在那边听着，让他觉得"有人站我这边呢"。这也正常：焦虑了，觉得凡事不可控了，总会第一时间渴望抱团取暖获得安全感和控制力。

但如上所述：自己做的事相对可控，他人的事相对不可控。社交，本质上是属于看他人反馈的事。如果靠社交取得控制力和安全感，那就是将安全感寄托在他人身上。很容易形成一个死循环：为了取得控制力与安全感，大量社交→依靠他人反馈反抗焦虑→他人反馈并不尽如人意→于是不停地扩展社交圈，投入更多时间社交，获取安全感→社交圈越大，不稳固的点越多→越来越需要更多社交。

我身边有一个例子：有个朋友，一焦虑就会到处找人念叨，于是跟一群哥们儿进行社交；然后被拉进新圈子，认识了更多人，搞得自己挺累，但停不下来，继续扩大社交圈。一旦发现并不是每个人都顺着自己，就会加倍焦虑，会做许多无效社交意图加强控制，然后就开始为枝枝蔓蔓的朋友们做事，以便维护交情，结果越来越忙，越来越焦虑……回头跟我念叨时，他自己说着说着就愣了：不对啊，本来是为了有点安全感避免焦虑，几个好哥们儿一起做点事，怎么越到后来无效社交越多，搞到反而在为社交焦虑了？

这不本末倒置吗？

当然，人需要社交，这没问题。只是吧：焦虑时，需要有点感情寄托时，找最熟的、最铁的、最稳固的朋友，确认一下就得。别把感情放在太多人身上，也别为了一点虚无的安全感和控制欲，就过于迁就别人。最亲近、最可靠的，有几个就够了。需要照顾的社交越多，越容易疏失，也越容易焦虑。

实际上不只是社交，绝大多数事都是这样：越简单，越由自己掌握，就越不容易失控。于是也就越不容易焦虑。

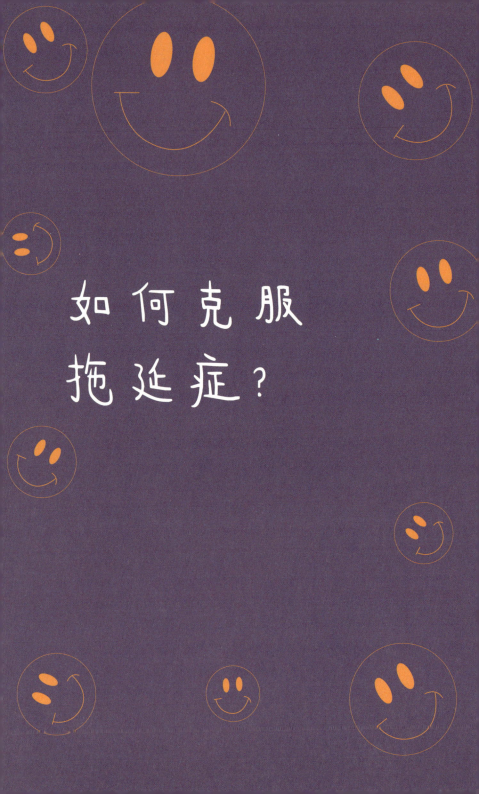

如何克服
拖延症？

　　身为一个自由职业者，每天都得跟拖延症做斗争。也因此有了点心得。

　　到处跟人抱怨自己有拖延症的人，其实还不算痛苦。最痛苦的拖延症，脸上都不显。乍看一副优哉游哉忙这忙那就是不忙正事的姿态，其实内心火烧火燎地急。写文章怕开不好头，总是要雕琢再三；做分析总嫌自己数据少，要一查再查。有些极端的，构思一部小说，初期雄心勃勃，日迟夜推，越琢磨越珍贵越不敢写，到最后废然而叹，没了。所以，有拖延症的人最后基本会变成信息过剩——材料一大堆，就是开不了头。

　　"我下了很多次决心了呀，我就是改不掉啊，是不是我就是迟钝，就是慢性子啊？"其实不是的。

我所认识的拖延症患者，岂止不迟钝，简直都有些过于敏感。子曰每日三省吾身，他们也是这毛病，而且省的时候都极刁钻，不允许被自己的个人意见左右，总是以耳闻目见的反馈为标准。他们通常过于重视反馈，甚至会自己想象出负面反馈来。然后如此重复：专注于只做一件工作而无法抽身。其间经历许多自我纠结的痛苦。做完之后，这段痛苦经历深印脑海，造成一点点心理障碍。周而复始。

他们开始不喜欢接一些自由度太大的工作，因为"你给我自由度，我反而不太知道该怎么办了"。这概念的深层其实是："如果我有了自由度，就会对自己有更高的要求，太窒息了。"收集各种反馈，收集大量信息，于是对自己的工作标准越来越高。继续疲惫。

说到底，完美主义拖延症的形成，不是因为你懒散，而是因为你太敏感、太紧张、太客观、太看重反馈了。然后就说："我再也不希望自己有犯罪感和显得拖延、软弱了。"

要意识到一个事实：拖延症，其实是建立在自己非理性地想象出来的负面反馈之上。许多阻挠、障碍，是自己想象出来的。于是分心，延后，避免面对。拖延很爽，一直拖延一直爽，于是做不了。而专注力又和体力相关。当体力消耗之后，更加无法专注了。就会跟自己说：我累了做不了了——好，又一次完美拖延了。

我自己的解决方式是这样的。比如，我曾经一直苦恼于自己懒得修改某个文档。我不肯打开，打开了也不肯看。后来，我这么做：逼着自己开始修改第一段，其间不停忽悠自己，"只修一段就休息，只修一段就休息……再差能怎么样？修一段就休息……"修了一段，休息，接着就会自然而然，开始下一段……然后就能继续下去了。秘诀是：做了再说，别想着一步到位，先做一点再说，先开个头。做了一点，你的心情会推着你去做完的。

这个以前聊过：1927 年，前辈布鲁玛·蔡格尼克在一项记忆实验中发现这样一种心理现象：相对于已完成的工作，人更容易在意未完成的、被打断的工作。这就是所谓的"蔡格尼克记忆效应"。

比如，我们对已得到的，往往不太在意，对付出了努力却没得到的，会格外珍惜。这种心理也可用在其他地方。比如，人老来后悔，相比于自己所做的，往往会后悔自己没做的。"曾经有一份真诚的爱情摆在我的面前，但是我没有珍惜，等到了失去的时候才后悔莫及……如果上天可以给我一个机会……"相比起上面这段痛彻心扉的独白来，"真后悔我当初跟她表白了呀"，这种心理就少得多了。

未尽未完之事，总能惹人情肠，算是人的普遍心理。勾着你看完。类似地，什么事儿都是：先开始做再说。不开始，你就会安于不开始的状态了。开始了，就不会安于半途而废。所以，千难万险，先哄自己几句："开个头再说，开个头就去玩……"然后就开始了。这个道理，不只适用于工作，也适用于享受。人的心理是这样：总会幻想一个完美无瑕的时刻，才适合做某事。如上所述，和拖延症一样，这其实有点非理性。

世上其实没有所谓完美的时间。辛弃疾在这方面说得好极了："莫避春阴上马迟，春来未有不阴时。"你总想着等个完美时机再说，但其实是等不到的。大多数东西，好吃的时候有其时机。时机到来时，不管吃相好看不好看、高雅不高雅，赶紧凑着那个时间点吃，这样才能获得最大的快乐。

我上小学时，长辈告诉我：考上中学就好了！中学很轻松！——然而好像并非如此。

我上中学时，长辈告诉我：考上大学就好了！大学就是玩！——然而好像并非如此。

我上大学时，自己写东西，经常自我安慰：出本书就好了！——然而好像并非如此。

大家总盼着有个"最好的时候，一切都等那时候再说"，但等着等着，就等过去了。现在就试试，别想太多，开个头再说。

"现在这状况不是好时候？嗨，那开个头再说，以后更好了再继续做呗！"

开个头再说。

人更容易在意未完成的、被打断的工作。先开个头，你的心情会自然推着你继续下去的。至于开好头之后呢？

要克服无限推迟的拖延症，不妨试试抱着"我最差能做成什么样？我也想试试……"的心态去做也许反而容易做得完。

以前说了，拖延症，是因为此前过于重视反馈。以至于没等别人差评，自己先非理性地想象出了负反馈。"我做不好，上次就做不好，做的过程也觉得不好，所以……"

这里有个常见误区：很多人总想象，做某件事一开始就是完美的，结构清晰，细节明白，一帆风顺。一旦觉得哪里毛糙了，就不爽了，就做不下去了。换个例子：考试时遇到不会做的题目，是在那里死磕，还是继续做后面的呢？估计大多数人都会给出相同的答案。

做事情也是如此。问题是，大多数活儿，都不是一帆风顺就能做完的。

世界各色传说里，一向喜欢描述神奇流畅的天才：比如王勃写《滕王阁序》是个现场秀，把当时等着看他出丑的都督阎公惊得目瞪口呆。比如瓦格纳只正经学过六个月

作曲。比如雨果不到三十岁，花半年闷在家里，写出了
《巴黎圣母院》。

古希腊诗人觉得，只要心诚，奥林匹斯山的神灵会特
给他们面子，忽然送出"长翅膀的语言"，把观念"送进
人们的心间"。传说中国南北朝时期的大文人江淹，才华横
溢，后来做了个梦，被谁拿走了支笔，从此"江郎才尽"。
《儒林外史》里，胡屠户骂范进，也说那些举人都是天上文
曲星下凡。

施特劳斯就相信，像莫扎特这样的天才，一辈子创作
出的东西，让一个抄字员来抄都嫌累，只能说是才华无止
境。的确，看莫扎特的手稿，清晰明白，简直文不加点。
但世上不止这一种方式。

之前还看过安格尔和德拉克洛瓦的草稿与成品。安格
尔的作品新古典学院派一丝不苟的画风，所以草稿与成品
之间省却了背景，但细节差不多。德拉克洛瓦却是浪漫主
义狮子，成品已经够剽悍，草稿更是龙飞凤舞。更早一点，
拉斐尔是出了名的少年天才，优雅完美。大家熟知的那幅

《草地上的圣母》，看着简直不带丝毫用力痕迹，轻盈之极
就画出来了。其实在此之前，拉斐尔也有一大堆草稿。

极少有好东西是一笔而就。绝大多数东西，都是先有
个毛坯，然后慢慢改出来的。海明威自己说得很明白：他
写任何东西，第一遍刚写完，没改之前，都臭不可闻。我
们之所以觉得他写得好，是因为他没给我们看草稿……

这事儿又不只适用于写东西或画东西。《老友记》里有
一集，传奇老演员、1960 年靠《宾虚》拿奥斯卡最佳男主
角奖的查尔顿·赫斯顿跟乔伊（Joey）对戏。他的那段台
词，极有意味：任何演员在他一生中，都会觉得自己某个
镜头糟透了。甚至劳伦斯·奥利弗有时都觉得自己糟透了，
鲍勃·雷福德有时都不肯看自己演的东西。大多数人都是
这样过来的。所以别从一开始就力求完美，我们要用由低
到高的心态去做事。不满意，大不了之后修改。再不满意，
再修改。只是，别从最初就给自己"必须做好，不然就完
了"的压力。

我们大多数人不是天才，无法一蹴而就、一帆风顺、

笔落惊风雨、诗成泣鬼神，所以也不用给自己那么大的压力。如果觉得不高兴，看看拉斐尔的草稿，"哎，谁还不是从毛坯房慢慢做过来的！"

我认识绝大多数"我要开始跑步——啊，不行，我跑不动"的案例，都是如此：买齐装备，快步起跑，第一公里就上了配速，之后跑不动了，喘，累，疼，走。下次就不跑了，提到跑步就想法子拖延。

但如果试着按着自己能顺畅呼吸、比较舒服的配速跑第一公里，跑第二公里，慢慢再跑远点，回去休息；下次再慢悠悠地从低速开始，再休息……周而复始，反而容易跑出好结果来。

抱着"我半走半跑，用比走快不了几步的节奏溜达着，真不行了就停"的心态跑步，也许停下来时，你会发现自己已然不经意间走出很远很远了。

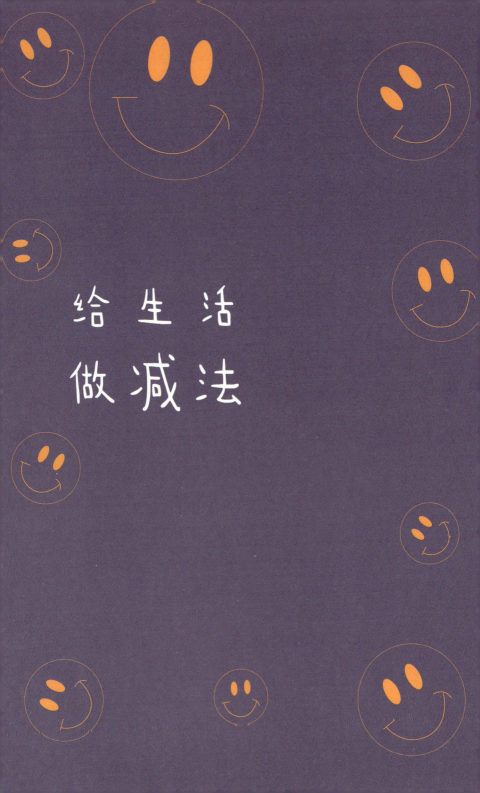

给 生 活
做 减 法

不搬一次家，还真不知道自己囤过多少东西。想着自己还算生活简单的了，平时看着小小的家，也不显多；真要走了，犄角旮旯的东西都装了箱打了包，能把家里塞得满满当当，下不去脚："平时这些东西都躲在哪儿？""我原来这么碎一个人哪？"

好些东西，找出来一看，才想起自己买过，都没用过两次。有些东西是挂了好看的：画儿和刀剑等。有些东西是出于好奇买了搁着，然后就忘了。更有些是被猫捅到沙发后头、柜子底下，于是忘了。现在找出来了，要运吧，旧了，且费事；扔吧，一时又舍不得。咳，当时买了干吗呢？

有太多东西是这样：买了其实没大益处，使了一两次也就忘了；不舍得扔，寻思着"也许哪天用得上"。这个"也许哪天用得上"的想法，挺牵累人的，这也不舍得，那也不舍得。搁着忘，想起来找也费事。真找出来了，不见得能立刻使，"还不如买个新的呢"。

好些东西，买时想得挺好，自己幻想出一堆使用场景。真用起来时，另一回事。我爸妈的跑步机用来晾衣服，我给远房侄子买的 Kindle 用来盖泡面，自不待言。我自己也犯过不少糊涂。比方说，当日买了一组哑铃，想得挺好，拿来练力量。然而装起来后体积不小，也不能每次使完又拆了，一直挺占地方。真要搬家了，这么重一玩意儿，装袋袋破，装箱箱沉，没法子，自己提手里吧。

调味料也是，各色乱七八糟的调味料买一大堆，寻思着做饭时，拿起哪里的食材都不犯怵。然而回头一看，有些用得特别快（比如黄油、胡椒、盐、糖、色拉油、麻油、橄榄油、酱油、香醋、白醋、豆瓣酱、哈里萨酱、蜂蜜、辣椒、花椒），有些用得其慢无比，还占地方（面包粉、孜然、蚝油、帕马森干酪、寿司醋、芽菜、松露、博洛尼亚肉酱）。说来，还是被多样性与可能性蛊惑了。啥都想用，啥都没用到位。像之前学做布朗尼、提拉米苏之类，准备了一堆模具。学会了，就没再正经做过了。

最重的是书。一两本不显，一装箱，好嘛，分量十足。还不能装编织袋：书在编织袋里不听使唤，扛着走挺难掌握平衡的。我当年搬离上海时吃过教训，这几年买书已经算谨慎了，到要搬家时，还是费劲巴力的。

糟糕的是，收拾书时才发现，许多书平时被收在书架边角，自己都没读。再一看，收拾出来的书里，自己大概是把少数十几本读了好多遍，其余的几百本都没来得及看，真正是挂一漏万。

家越搬越空之际，空间也变了，我觉得自己的习惯也变了。我之前注意到一个细节：你常坐在一把较低的椅子上，比起坐在偏高的椅子上，会更倾向于久坐。类似地，如果家里东西多，你就容易坐着犯懒；东西少了，空旷简单，你会更倾向于起来走走。大概环境的简繁、光照的明暗，会影响你的情绪和动力。大概越是偏干净敞亮的所在，人越有打扫整洁、简化一切的倾向。越是物件花样繁多的房间，人越容易懒得动弹，放任自流。

我一个大学同学，少年时甚至有点洁癖。几年前我回上海去看他，家里五颜六色。他坐在沙发上，被自家孩子的玩具和尿布围绕着，跟我笑："你说收，从哪儿收起呢？收了也没用，就这样吧。"

说回简繁之别。

19世纪法国大学者丹纳先生，比较过古希腊与19世纪法国市民的生活。大概意思是：一个19世纪的法国人想住好点儿，得用软砂石盖二三层的建筑，室内有玻璃窗，有壁纸，有花绸，有百叶窗，有窗帘，有壁炉架，有地毯，有床，有椅子，有各种家具，有无数的小古董、无数的实用品与奢侈品——搁我们现在，大概还得有无数的电器、接线板吧？

丹纳描写的古希腊：室内一张床，几条毯子，一只箱子，几个水罐，一盏灯，晚上能睡觉就行。院子里也许有个喷泉。大家平时在长廊与广场晃荡，反正那儿暖和有阳光，大家可以在室外生活，简单，清爽。托尔斯泰也赞美古希腊的风格，是所谓阳光下的泉水，有沙砾，但反而显得纯粹。这两种生活，我都经历过——虽然时间也都不长。

我在希腊某个偏远的地方过冬时，互联网没法保障，倒个垃圾得提着垃圾袋走一公里山路，只能喝压力井打上来的地下水，诸多不便，很不现代。但这诸多不便的日子过久了，习惯了，觉得挺清净，少了许多不确定性，反而有种简单的踏实。每天读读书，写写东西，走山路倒垃圾，看看景，甚至还捡过长草回去当装饰……嗯，也挺好。有时倒垃圾时看着山景，还觉得自己挺开心的呢。然而，一旦回到大城市，我就迫不及待地回到琐碎又让人焦虑的便捷生活之中了……

大概许多人有类似经历：被迫断网时，读读书，看看景，溜达，锻炼，吃吃喝喝，觉得闲适自在，世上有太多乐趣，真是充实。一旦有了网络，立刻又义无反顾地回到刷手机的世界里去了。

堆积了太多用不上的东西后，人的生活会变复杂。人会懒，会焦虑，会想逃避。但如果有的选，人总还是会下意识地趋向便捷但琐碎的生活，然后在这种生活中耽溺而不自知。

大概我的心得是：事后想要简化生活时，容易舍不得这舍不得那。相比起来，从一开始就简化生活，会好很多——比起冲动消费买了什么之后不舍得扔放着占地方，一开始就不要乱买，会舒服很多。

更进一步：比起追求一大堆东西后，发现许多不值得自己追求但已经付出太多，于是犹豫着不肯放手，多端寡要——从一开始就简化自己的目标，会舒服很多。

人需要的东西真的很少，大多数是用来炫耀的——这是《阿甘正传》里阿甘他妈妈说的。

我想补充的是，人需要的东西真的很少，其他的未必是用来炫耀的，还有许多看似能便捷生活、其实会让人分心的东西。这样的东西多了之后，能多些安全感，但与此同时，生活就被坠得动弹不得。

这诸多不便的日子过久了，习惯了，觉得挺清净，少了许多不确定性，反而有种简单的踏实。

熬 夜 的 快 乐

　　总有论调会嘲讽说，熬夜的人不够自律。但这其实是站着说话不腰疼。

　　原始阶段，人类普遍睡得不那么晚。UCLA（加利福尼亚大学洛杉矶分校）跟踪过坦桑尼亚和纳米比亚的狩猎部落，那些人基本都是日落后三个半小时内入睡，睡六七个小时起来。因为他们不用电灯，作息相对遵循自然规律：日出而作，日落而息。

　　都说电灯改变了人类生活，其实早年间也有油灯、蜡烛可以照明的。中国古代关于长夜之饮、巨烛达旦的记录并不少。当然，老百姓许多烧不起油灯、蜡烛，入夜也就睡了。

　　15 世纪时，相当多欧洲市民一天睡两觉。比如日落后不久，早早睡了，半夜起来，做点事——祈祷、冥想、夫妻生活、就着蜡烛读书、拜访朋友——然后接着睡第二觉。这个习惯，大概在 17 世纪时开始改变。先是欧洲北部的市民，他们更习惯入夜后直接睡，只睡一觉到天明了。多提一句，当时欧洲北部，如荷兰那一带，正是工商业发达、小市民阶层崛起的时候。大概，为了准时上班工作挣钱，晚上睡觉也没那么悠闲。

　　到工业革命后，为了追求效率最大化，有了上下班，有了效率管理。于是，人们的睡眠习惯被固定成现在这样：晚上睡足，白天用来上班。

　　至于其他技术手段，比如更好的照明，通宵的电力，各种午夜电视剧、电影之类，都是为此安排的。

　　比较直观的是，你去那些商业不发达、大家早早下班的城市，会发现一入夜大家都回家去了；通宵达旦热闹的，往往是繁华的大都市——不夜之城固然璀璨，但那也意味着，大家睡得晚。

　　至于现代人晚睡的主观原因，我自己有点小小的心得：许多人的熬夜，是所谓报复性熬夜。

　　我估计许多人小时候都有这体验：好不容易到周末了，周末那天，一定比平时睡得晚；如果是双休，往往周五睡得最晚，酣畅淋漓折腾过后，周六就没那么猛了。周五这一耗，就是报复性的。

　　许多人不肯睡觉，是因为这一天太累了、太憋屈了，没点自己的时间，没乐够："这一天属于自己的时间太少，做会儿自己，玩会儿才不算亏。"

　　而熬夜的后期，有部分人明明神思困倦，也玩不出什么乐趣，却还是不肯睡，麻木地反复刷手机。这是因为人困之后，感受力和自控力都下降。明明感受不到快乐了，但出于惯性，还在继续熬夜，希望能找到些许快乐。麻木到感受不到时间流逝了，更容易虚耗时间。

　　"啊？迷迷糊糊都到凌晨啦？"太忙了导致没太多自己的时间，想补偿，于是报复性晚睡。太累了所以感受不到快乐，又无法自控，于是一发不可收拾。

其实，找乐是正常的，是必需的，我们是人，不是机器。但在自己还没累到失去自控时，可以考虑见好就收。也许这很难做到，毕竟这对我们的自控能力要求太高。但做不到，也没啥可责怪的：毕竟外部条件在那儿，不该老从自己身上找原因。

这就涉及睡得好的最重要条件。人要睡得心满意足，光线、温度之外，还得舒适、安全、熟悉、有着落、获得掌控感。

2019 年，有个 App 做了个用户统计。居民睡得多的国家：新西兰、芬兰、荷兰、澳大利亚、英国、比利时、爱尔兰、法国、瑞典……居民睡得少的国家：菲律宾、马来西亚、秘鲁、印度……这个统计里，睡眠时间少于六个半小时的，只有两个国家，而恰恰这两个不太让人睡觉的国家——韩国、日本——都不穷。那里的风气，那里普通人面对的压力，我们应该都了解。

所以，越睡越晚，归根结底，并不是熬夜人天生自控力差，并不是熬夜人不自律，更不是熬夜人不懂健康作息。除了一小部分人体质特异外，大多数熬夜人，是长期被放置在一个压力巨大、被迫运转又缺少闲暇时间的环境里，被死死扣在一个必须遵守的日程表里，硬生生逼出来的。

不信，你但凡告诉一群熬夜不睡的人，明天起床不用上班，或许附加给他们的各种压力也都一并消除了，以后天天想怎么熬夜怎么熬夜，那估计这些人会先欢喜一阵，然后就会放弃熬夜，睡得踏踏实实的。

归根结底，未必是熬夜人不自律、不懂事，只是大家都太忙了，无形压力太大了。

被定义的
"丑"

我每天都会被自己丑醒。一睁眼，就得接受"啊，我又要度过丑八怪的一天了"，这感觉真糟糕。

小时候，提醒我丑的，是我妈。每当别的阿姨（出于客气）夸一句"这小孩挺神气"时，我妈会客气地说："不不不，这颧骨，这耳朵，不好看不好看……"当然，知道这种你捧我贬式客套话，是后来的事了，但那会儿并不觉得丑是件坏事。

大家不都说重要的是心灵美吗？自己丑自己的就是了。长得好看不好看，自己不照镜子也看不见，没关系的吧。

长大了，提醒我丑的，是这个世界。小时候想见到好看的人，并不容易。挂历、电视、杂志封面、MTV 中的走秀模特，那都得花钱，而且不能随时放在身边。总觉得自己与好看的人之间，远远隔了一层。"咳，那都是假的，无所谓，我就自己丑着吧，没关系！"但人长大了，上年纪了，科技也日新月异了。打开手机，任何一个 App 都在告诉你，世上有那么多好看的人——然而并不是我。

看惯了好看的人，起身去倒杯水喝，偶尔瞥一眼镜子。"妈呀！那么丑！那是谁!! ——哦，原来是我呀！"这感觉真糟糕。

随着比美业的日益发达，我发现讨论好看与否，多了许多标准。三庭五眼、蜂腰猿背、虎背熊腰，那就不提了。细致到手指甲，都不能掉以轻心。拿这些标准往自己身上一套，觉得自己像个奇形怪状的大土豆。为什么好看的标准那么多，就我套不上呢？这感觉真糟糕。

随时随地都觉得自己丑了之后，有个副作用：自己一丑，许多方面连带一起变糟糕了。看着别人好看，自己那么丑，总觉得别人会懒得搭理自己。任何一个场合，看别人交头接耳，总觉得在嘲笑自己。如果同一个空间里，有一个长得好看的人，就会想下意识地离他远一点。想象中总有个虚拟的画框，正在对准他，所以："我可千万不要招人笑话！不要去打扰好看的人们！"这感觉真糟糕。

唉，丑真是件糟心事！

冬天到了，我去买衣服。便宜的衣服上身，暖和，一照镜子，难看得戳心窝子：啊，买衣服就这点不好，又得看一眼丑陋的自己。悻悻地溜到隔壁，买了件贵点的衣服，照照镜子：嗯？好像丑得不那么明显了？没等我想明白这是心理作用还是事实，已经有店员过来了："哇，这身真好看！您看，特别显肩收腰，色调还很衬您的肤色……"我糊里糊涂地就买了。有点贵，但我有信心了：虽然自己好像还是那样子，但店员居然没骂我丑，甚至还暗示我有点好看——哇！这感觉真好！

我去运动用品店买跑鞋，看见跑鞋架子旁摆放着一幅巨型宣传画，上面有好看的男男女女，穿着很显身材的速干衣，掂着很酷炫的器械，摆着很显身材的造型。我于是觉得，他们的好看与好身材、速干衣、器械，是有关系的。"只要买回去了，就可以了！"我花了点钱，把这一整套都买回去了。店员结账时还没忘了说句："看您一定是锻炼的！""可不吗！"我心里美滋滋的，虽然还没锻炼呢，但买了就等于练了！自己的身材也忽然变好了！这感觉真好！如此这般，家里慢慢堆满了各色物件、服饰。虽然我没怎么练，但看看买的锻炼器械，就觉得自己的身材差不多也变好了。虽然贵衣服并不轻易上身，但偶尔穿起来照照镜子，嗯，跟那天店员夸我那会儿挺像，那说明我变好看了……

以此类推，用点贵的洗发水，觉得头发也比以前好看了；用点贵的牙膏，觉得自己的牙齿都变闪亮了。新的皮带，新的手表，新的围巾……哇，好像把这些都集齐了，自己就是广告里的模特合体，变成一个好看的人了！

过年了，我全副武装，去乡下拜访远房亲戚们。许久不见的亲戚一见我，啧啧称赞："哦哟，这件发胶用得好，很贵的吧？这个发型效果特别好！""哦哟，这件风衣我在商场看到过，夏天打了折我都买不起的！你穿了真好看！""哦哟，这个健身房年卡不得了，我听说过这个健身房，贵得来……这么一看，你身材也变好了嘛！"我如沐春风，深觉衣锦还乡的美好。哎，被人夸的感觉，真好！

酒酣耳热之余，我想吹吹风。出了门，沿河走了两步，看见个小孩——亲戚家的晚辈——正玩芦苇。他抬头看到我，咧嘴："哎呀，你真丑！"刚还被亲戚们捧在云端的我，瞬间觉得挨了一闷棍。算了，不气不气，小孩子懂个屁！我教训他："怎么会丑？你知道我这发胶多少钱吗？你知道我这衣服多少钱吗？你知道我用的健身器械多少钱吗？你……""可你还是丑啊！"小孩子一指河水，"你自己照照就知道了。"

呃，还真是。

离开了店员的吹捧、亲戚的赞美，用自己的眼睛看到河水中倒映的自己，还是那个每天被自己丑醒的自己，分毫不差。我不死心，揉揉眼睛继续瞪着河水：唉，看清楚了，就更丑了。

　　但我怎么能承认呢？这不就意味着我的幻觉被戳破了，我的付出全都付诸东流了？我又得回到糟糕的自我认知之中去了？我又得开始容貌焦虑了？得找一句话来压住这小孩，我气急败坏，反唇相讥："我丑，你就好看吗？我们都是亲戚，长得差不多，你不也挺丑？""我是挺丑啊！"那小孩开心地说，"我妈就每天说我丑，丑就丑吧，我们都挺丑的，可那又怎么了呢？"

世上有那么多好看的人——然而并不是我。

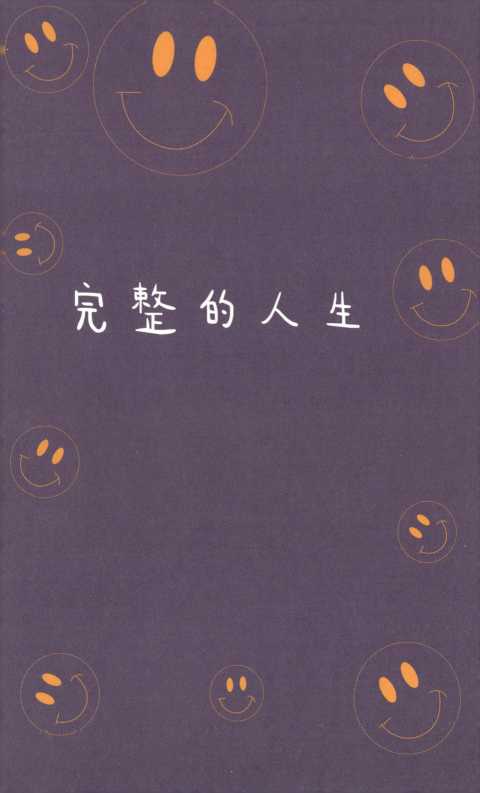

完 整 的 人 生

"没做过＿＿（选填一件事），这辈子是不完整的。"这句话当然也有别的表达方式，比如"人这辈子一定要＿＿""一定要＿＿，这才是人生"。我以前也被忽悠过，当时刚流行书腰封，看见几本"一辈子必读的书"，我居然还没读过，不由如芒刺背，如坐针毡。这样下去，人生岂不是很不完整？赶紧买来读了。书本身倒是不坏，但读完之后，好像也没产生什么脱胎换骨的感觉。但转念一想，人家只是告诉我，不读这本书，人生不完整，并没说读完了人生就完整了，用那会儿我的中学老师的说法，就是读这本书是完整人生的必要但不充分条件……

后来我时常见到类似的说辞，久而久之，也有了些许发现。比如，人生真正必要的，比如氧气、饮食，很少有人特意忽悠。没有人会贴着脸告诫你："没有饮食与氧气，人生不完整。"大概再糊涂的人也知道，没了饮食与氧气，人生何止不完整，直接就没了。据我观察，每个时代，大家觉得人生完整的标准似乎不同。比如，大概在我父母那个年代，没上过高中，会觉得人生不太完整；结婚时没辆自行车、没块手表，会觉得人生不太完整。到了新世纪，亲戚们就觉得没在城里有套房子，人生不完整；新人结婚时，没在新郎新娘老家各自摆上那么几十桌，觉得人生不完整……总觉得活着活着，人生完整的难度越来越高了？

话说，人生完整，该是什么体验？古希腊有位大悲剧作家索福克勒斯，少年美貌，才华横溢，十六岁就在希波战争的庆祝胜利会上当朗诵队领队。一辈子获得二十四次戏剧竞赛胜利（希腊另两位大悲剧宗师埃斯库罗斯和欧里庇得斯获得胜利的次数加起来大概十七次）。他当过将军，当过财政总管，八十多岁高龄时进入雅典的"十人委员会"。他去世后，"喜剧之父"阿里斯托芬说他生前完满，身后无憾。

当然，按我某些远房亲戚的标准，大概会抱怨说索福克勒斯没后代（因为传闻不好女色），实在不完整。但他自己，估计也不在乎了。

丹纳先生的《艺术哲学》里，提过另一个例子。在古希腊，大家都崇奉运动健将，他们一直开古代奥运会。有位先生叫提阿哥拉斯，他的两个儿子同日得了奖，于是抬着他在观众前面庆贺。观众都觉得这样的好运真是完美，朝他喊，说人生完美了，简直死都可以瞑目了，再下去就是神了。提阿哥拉斯的确太高兴了，觉得人生完美了，真就这样欢乐地死在两个儿子的怀抱中。

——所以，有两个冠军儿子，人生就完整得可以登天了？

——至少古希腊人是这么认为的。

——你一定已经看明白了：所谓人生完整不完整，因时而异，因人而异，跟他人毫无关系。

那为什么总有人念叨这个呢？我有个小小的观察，是这样的。

一般爱跟你强调"没有____，人生不完整"的，好像分四类。第一类是打算说服你，让你买点什么的。比如你活得好好的，甚至还有点小开心，忽然就有人提醒你，非得用哪款产品，人生才完整。这时候，你就得怀疑一下，这些人是不是有提成。

第二类就是过于善良以至于人云亦云，被第一类忽悠了。一边买买买，一边觉得付出代价买到了，人生就完整了，就不会显得是个另类了……

第三类则复杂一点。我有位远房亲戚是长辈，挺没溜儿一人。不肯上班，家里好不容易才安排好，让他去面试。结果前一天晚上他喝得大醉，次日急匆匆开车赶去，路上出了车祸，被拘了，事情当然也黄了。出来之后，还一脸不以为意："人这辈子要关进去过，才算活过了！"

我觉得，这类人喜欢将一些他个人不那么好的习惯或经验，说成人生的必需。这样的好处是，显得很江湖，好像很酷。但仔细一想，许多人都或多或少有些相对负面的体验。他们自己也知道这玩意儿不太好，于是不停地跟人唠叨，说这是人生必需的经验。说着说着，自己就信了。

最后一类人，他们有种诡辩逻辑："你现在不＿＿＿，那什么时候＿＿＿？"他们的逻辑，仿佛＿＿＿是人生的必需项，而非可选项似的。仿佛那真的是福利，而非负担似的。这种完全不经论证，直接就塞给你的，大概我们在日常生活中都见识过。他们想要的是什么，我们自然都明白。

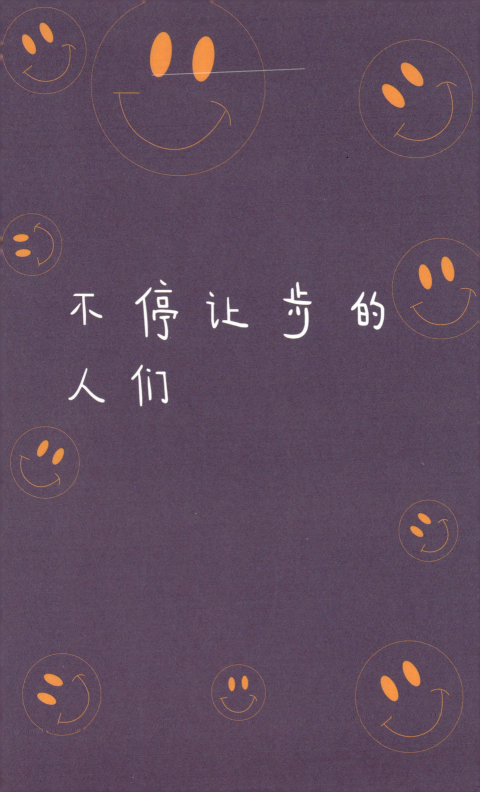

不 停 让 步 的

人 们

美国心理学家莱斯·巴巴内尔有过一个说法：

　　善良的人害怕敌意，于是用不拒绝来获得他人的认可。在他们的想象中，只要隐忍对方的恶意甚至找碴儿，就能让对方满意。大部分友善的女性一辈子都会被痛苦、鼓励、空虚、罪恶感、羞耻感、愤怒和焦虑折磨。巴巴内尔给这种"病"取名为"取悦病"。

　　大概可以说：友善是好的，但过于友善，却不太对。生怕遭到拒绝，生怕自己得不到认可。于是这种人很敏感，很容易被人影响。于是有求必应，不懂拒绝，哪怕为难自己。自己从不主动去做任何越界或"可能"越界的事。

得说句："过分友善"的人，是指那些比普通的友善更周到、更低调、更敏感于外部世界的评价、更胆怯、更不愿意表达自我观点、为他人牺牲自我的底线更低、滥好人到了超越义务的人。

哲学家克尔凯郭尔的朋友说过，他"会被一句玩笑话摧毁"。卡夫卡则说过，"任何障碍都可以将我克服"。克尔凯郭尔是超虔诚的教徒，他受到的宗教压力很大。卡夫卡则受到了父权方面的压力。

大体来说，这类"过于友善"的人，大多在精神上受到一个社会性的压力，而逐渐在自我与外界的选择判断上产生变化。也就是说，在面对"我的价值"和"社会 / 他人 / 集体 / 外界的价值"时，很容易倾向于后者。

这也可以理解：在物质世界生存，社会大合作的前提下，"利他"是获得更好物质条件的基本方式（无论是劳作生产、商务买卖，还是公共服务）。

于是，大家很容易接受"我的自我判断是无价值的→

只有满足了公共利益以利他为至上，才能够有好的物质生活→获得他人承认才是人生的价值所在"。

等一个人把"自我价值"压到最低，把"他人价值／公共观点"抬到最高之后，就会因为不愿意悖逆他人，被迫无限制地放低自我底线。于是就显得没有底线、过于友善，会因为别人的一句话就惶惶不安。于是更容易变得过分友善，或者被迫假装友善，容忍他人的恶意甚至找碴儿。这是个死胡同：已经习惯退让的人，很难解脱出来。

他们没机会去理性思考"我的自我价值认定是否过低了"，因为这么做，本身就违背了他们将公共利益放得高于自我价值的设定。

他们作茧自缚，只能变得越来越低调，一再降低自己的底线。想克服这点，需要想明白两件事。

其一，对大多数外在恶意而言，你所做的让步与牺牲，无法让试图找碴儿的人们感到满意与歉疚，因为并非每个人都对等地具有同理心。

有同理心的人，最初就不会来找碴儿；咄咄逼人的人，更类似于见血鲨鱼，谋求的是进一步伤害。你的让步，只会招来变本加厉与得寸进尺的找碴儿。

所以，不要在口是心非之间保持一种类病态的沉默和低调，不必太去附和公共认同——在不违反公共认同的底线下，你是可以不那么友善的。

其二，对大多数所谓的善意，也不要一再放低自己。大概，积极干涉他人的心态，其实很多都是如此：并不在乎对方需要什么，只在乎自己想象中对方需要什么。

许多好心人办坏事，许多"我是为你好啊"的人，其实都是这样：一边用干涉他人满足自己想象出来的需求（而非当事人实际的需求），一边念叨"我都是为了你好"。

人总是容易被"可是人家是好心嘛"麻痹，这方面，《我爱我家》中有句话极好。

和平：我妈她本质是好的。

志新：她本质好不好我不管，可这现象我受不了！

许多人放低自己的底线时，甚至只是下意识地做了，从没想过为什么。所以，时不时想想这点：人愿意展示善良，归根结底，是为了融入某个社交体系，与他人有更持久的合作。长远来看，是为了做自己想做的事。

时时想明白自己要的是什么，自己的让步是能获得自己想要的，还是会徒劳无功地给自己带来伤害？想一想周遭那些逼自己让步的所谓善意，有多少是真正了解你需求而给出的善意？

如果害怕拒绝，许多时候可以选择沉默——沉默是检验善意最好的手段。真了解你的人，会在你沉默时懂得住口。而看见你沉默，依然喋喋不休逼迫你的人，基本能判断出其到底是真善意，还是只想满足其控制欲，于是也就完全有理由对其说：

关你屁事。

友善是好的，但过于友善，却不太对。

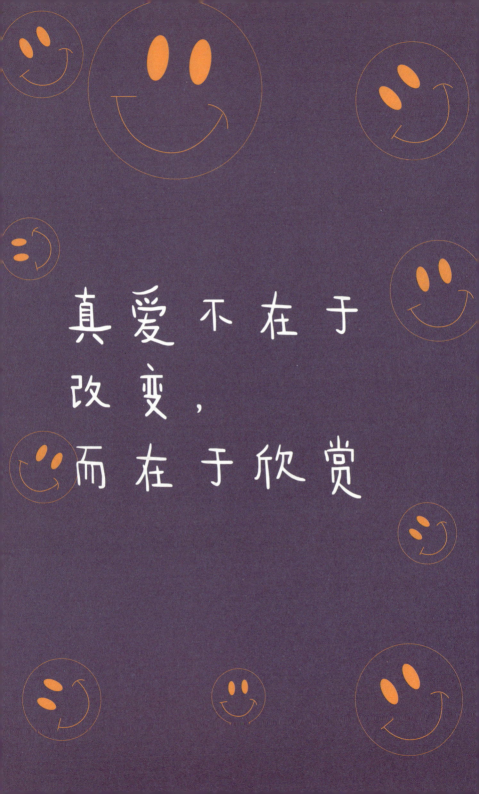

真爱不在于
改变，
而在于欣赏

许多人大概有类似经历，年少时，不被身边的人尤其是异性喜欢，因而有了讨好型人格。进而，为了让他人喜欢自己，什么都愿意做。付出许多牺牲，只为了获得一点赞美与爱。但这种心态如被人利用，就很容易变成对方摆高姿态，挑刺找碴儿，让你觉得自己差，让你觉得自己配不上，疲于奔命地弥补缺点，最后你在惴惴不安中，觉得自己真是不够好，于是就听任对方控制了……这就没必要了。

我小时候，自理能力颇差。我妈时时责备我，说我如此粗疏大意，长大后找不到对象。我爸倒稳坐钓鱼台，说孩子长大了，总会学的，将来我找到合心意的女孩子，自然就能学会打理了。现在，我也算会做饭，能应付日常生活，在多个城市生活过，都能活下去，也勉强算会照顾人，甚至还能照顾猫——我算是猫缘不错的那种人吧。

细想起来，这些并不是被对方催逼而做的，而是自觉自愿的。"为了照顾好自己关爱的人，想学学怎么做饭，怎么应付日常，好让对方也放心。"大概我妈的逻辑是："人得会照顾自己、照顾别人，别人才会肯来找你。"我爸的逻辑是："人会为了自己喜欢的人，自觉自愿地变好。"被对方逼迫着改变自己与自觉自愿地改变自己，结果很接近，但状态是不同的。

话说，极少人天生懂得如何处理亲密关系。往往是在经历过磨合、创伤、分手、重聚之后，才慢慢学会了怎么爱与被爱——这也是人之常情。除了极少数天赋使然的家伙，大多数恋爱中让人舒服的伴侣，是经验磨炼出来的——意味着人家有过不止一个对象。米兰·昆德拉在《笑忘录》里有句话很妙，大意是女人未必喜欢美男，但喜欢跟美女相处过的男人。这句话随便怎么琢磨都行，但人的确是经验所造就的。

实际上，大多数让你觉得相处起来天然舒服的人，都是在悄然迁就着你。当然，也有彼此经验都不丰富，但在一起天然合适的——这就很难得了。但更多的例子是在一起觉得大方向合适，小范围细节不太舒服的——这就很考验双方了。我有过不止一位朋友是这样错失一段好缘分的："我们在一起还算不错，就是你有个缺点，改了就好了。"然后，改不了，不肯改，吵了，分了。因为，如上所述，人的性格是自己的经历造成的。这意味着绝大多数人的性格，都是一个套餐，没法单点。

性格活泼的人容易粗疏，性格沉静的人容易胆怯。有讨好倾向的人容易偏执。爱读书的人也容易认死理。每个人的性格优点，往往后面裹着另一面。要改一项，往往就得全改。大多数人的性格都不完美，每个人的性格真揭开来，都有不快的往事，有不想去碰的创伤，凑合凑合继续过下去。

两个人觉得投缘，一部分是因为彼此的优缺点甚至创伤，都是契合的。如果非要改，那也许就不适合了。所以无论是试图讨好他人，还是跟他人相处，彼此求同存异地磨合比较好，过于积极地改变自己显然不太上算。毕竟，找到合适的相处对象，也是为了愉悦和快乐。强行改变自己，不愉悦不快乐，又何必呢？

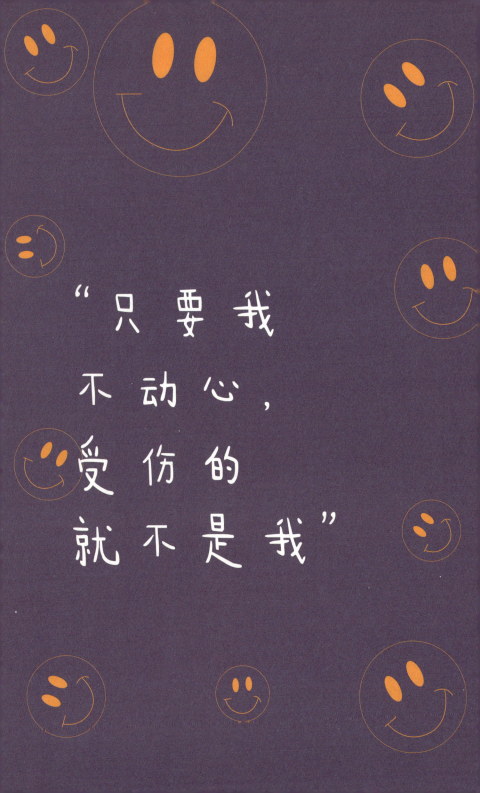

"只要我
不动心，
受伤的
就不是我"

没被拒绝过的人，相对会不太容易理解，那些在真爱面前迟疑的人：你投入了真爱又如何？大不了被拒绝嘛，拒绝了又怎么样呢？多大点事！反正不投入也得不到呀。但是，许多人极渴望一件事——比如爱情——的时候，会与以往求而不得的痛苦记忆相联系。于是（为了规避被拒绝的痛苦）便迟疑犹豫。当然又不那么简单。

通常，低自尊的人，或者童年遭受过不愉快经历的人，已经被以往经验规训到，遇到美好的事物——或自觉美好的事物——便会将之美化，托上云端，抬头仰望；然后顾影自怜，下意识地觉得，自己不配获得快乐，一想到可能的挫折，就心惊胆战。因为有过失败的记忆，不想重蹈覆辙，所以对可能的失败极敏感。

通常，越是经历过不平等关系的人，越会觉得爱是不平等的；那些在各类关系中受过挫折，比如被父母轻视过、被意中人忽略过的人，默默咽下了这些记忆，但并没消失。通过这些经历，他们已经相信：感情关系就是不平等的，付出不一定有回报。也相信只要投注了爱情，信赖了对方，就会任对方影响自己的情绪，甚至失去自我控制。会觉得投入了爱，就是允许对方肆意伤害自己，甚至相信："谁先动心就是谁输了，不爱的那一方才更主动。"比起低概率地得到爱情，那么，自我保护、不重复受伤，才更重要——这是许多人的心理。

由此反推，相当多迟疑犹豫不敢付出爱的人，都有过求而不得的创伤经历。可能很幽微，可能其他人都不记得，自己也选择性忽略了，但或多或少，这点隐痛都藏在心里。每当在想追求什么的时候，就凭空跳出来提醒：不管忍得有多难过，总好过付出了还要收获痛苦！所以许多面对爱的迟疑与犹豫，都是对以往求而不得的经历进行的一种自我保护："爱是不平等的……如果我爱而不得，可能会让对方随意伤害我……我以前的经历，让我觉得自己不配获得爱……那么，为了保护自己，索性就不要投入真爱了……

反正我也得不到爱……只要我不动心，就没人能伤得到我
啦……"这心理也不是没有解法。

美国小说家沃尔特·特维斯有个说法：那些未得胜便
为自己可能输掉找借口自我保护的人，往往会利用一切借
口输掉。当发现自己内心开始哀鸣，呼吁自己退却时，跳
出来审视一下自己：那让自己犹豫的，究竟是理性的审时
度势，还是单纯的创伤记忆在顾影自怜，拖慢自己的脚
步？这么说有点诡异，但大概：有些幸运儿天生幸运，没
有过创伤，所以一往无前地莽，毫不迟疑——但这类人少。

那些有过创伤记忆的人，可能需要偶尔冷静理性地审
视，加上一点大胆，才能找到热情。当然不是鼓励没头没
脑地莽，只是在迟疑犹豫时，不妨想一想："我觉得自己不
成，这想法是理性还是感性的？""重复一遍之前的痛苦又
怎么样？这真是我承受不起的吗？"毕竟虽然人世间什么
事都困难重重，对那些有过不好经历，于是遇到真爱就迟
疑的人而言，绝大多数障碍，都是自己想象出来的。

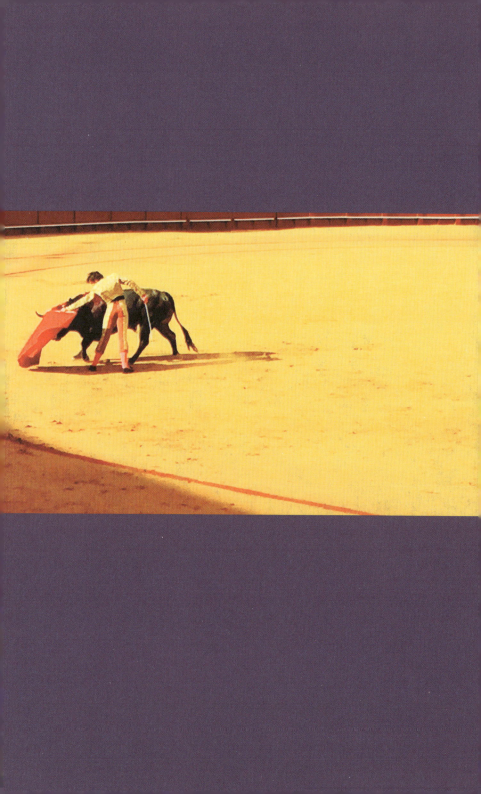

Part 4

世 上 能 决 定 你 开 心
与 否 的 ， 只 有 自 己

世上唯一能决定我开心或是不开心的，只有我自己。

世 上 能
决 定 你 开 心
与 否 的 ，
有 且 只 有
一 个 人

喷火怪龙的身形大小，与其心情大有关联。心情好的时候，翅膀张开遮天蔽日；心情差的时候，坐在桌对面，看上去跟一只小壁虎差不多。

我去洞窟拜访喷火怪龙时，它正像一只小壁虎似的。

要不是嘴角偶尔还喷几缕火焰，我都快忘了它是喷火怪龙。

我问它，为啥显得很有压力。

它说，觉得自己今年不够努力。

所谓不够努力是指什么？

喷火怪龙说，今年它吓退的夺宝骑士数目没超过去年，还不小心在睡梦中被几个霍比特人偷走了一些零碎财宝。它本来决意要把自己锻炼成可以一口火烧焦十头猛犸象的酷酷的大怪龙，但到现在，它一喷火，还是只能把十个土豆烧成脆皮的。

"这样不是挺好吗？"我一边吃脆皮土豆一边说。

"就，觉得自己没有进步。"喷火怪龙说，"好像考试没考过一样。觉得会招致失望吧。"

"谁失望呢？"

"我的妈妈吧，我爸爸倒还好。"

"嗯，它们会怎么失望呢？"

"我妈妈总希望我不要当看守财宝的喷火怪龙了，她希望我当一条野火龙，在山川之间飞行，高兴起来就烤一条鱼吃，挺好的；我爸爸倒是无所谓……如果我没有进步，那我妈妈就会觉得，我当龙不好……"

"话说，从小到大，你妈妈是不是总会挑你的刺呢？"

"这么一想，好像还真是……它会挑剔我翅膀不够端正、牙齿不够尖利、喷火的姿势不够优雅、龙焰的明亮度不够……我爸爸就无所谓。"

"有没有这种可能，"我一边吃土豆，一边问，"要挑剔你的，永远会不停挑剔你，无论你已经是一条多出色的喷火怪龙；不挑剔你的，永远都不挑剔你，而乐于接受你的一切？"

"这么一想的话……"喷火怪龙歪了歪头，"好像还真是……"

"而且……"我说，"喷火这样既单调又耗神的职业，你都来不及去探望别的龙吧？大家都守在自己的洞窟里，默默地盘绕在宝藏旁边，对彼此的了解，怕是也不多……"

"这么一说也是……"喷火怪龙吧唧了一下嘴，一团火焰噗地冒了一下。

"既然大多数喷火怪龙不了解彼此，所以它们的意见也可以忽略不计咯。何况，你看，挑剔你的龙总会挑剔你，不挑剔你的龙永远不会挑剔你。这其实跟你龙当得好不好没关系，只看别的龙心情好坏而已。"

"嗯，也许其他龙并没你想的那么有恶意呢？"喷火怪龙惴惴地说。

"但有善意的龙也没那么多，毕竟大家都很闷，都想朝彼此喷点火。"我说。

我们沉默了一会儿，我想转个话题。

"为啥非要进步呢？"我问。

"不进步就是退步。"喷火怪龙说，"这是龙导师说的。要对付贪婪的霍比特人，龙们就一刻不能懈怠。听说霍比特人有句格言：一天没捡到财宝，就算亏本丢钱了。我们也要有这样的进取心。握爪！共勉！"

"进步的周期和距离怎么算呢？"我问。

"每一年都要比以前更强壮，更宏伟，更会喷火，吓退更多的骑士，捉住更多的霍比特人，睡更少的觉。日复一日，才能成为伟大的怪龙。"

"那你比五年前进步了吗？"

"进步了，我之前四年是一年比一年进步，从小怪龙变成了大怪龙。但过去一年我没进步，我还是大怪龙，没变成超级大怪龙……"

"还是进步了，干吗非要规定每年都要进步呢？"

"因为要约束自己啊，一年一年算比较容易。"

我有些口干舌燥，也可能是土豆吃多了。

"考试是谁规定的？你们的导师吗？"

"没有啦，我给自己规定的。我规定自己每年要比以前更强，更勇猛，睡得更少，喷得更多……我是一条自律的喷火怪龙。"喷火怪龙说，"自己是骗不了自己的。一定得持续严格要求自己，才能成为一条更好的喷火怪龙。"

"那什么，"我说，"我就是一个爱吃土豆的人，所以不太理解哈。成为一条更好的喷火怪龙，是为了什么呢？"

"是为了尊严呗，为了让自己开心。"

"那什么，"我说，"所以你是为了让自己开心，才给自己搞了许多规定，以便自己成为更好的喷火怪龙——可是，你的这些规定都让自己不开心了呀。"

"现在的不开心，是为了督促自己前进，让自己以后一直开心。"喷火怪龙认真地说，嘴角出现了灿烂的龙焰。

"我是不太理解哈……"我说，"但是……变成更好的龙，是会开心好久好久，还是开心一会儿？"

"开心一小会儿，不能太开心了，因为太开心了就会耽溺于此，就没法继续进步了！"

"所以你是用很久的自我约束的不开心，换一小会儿开心？"我问。

"嗯。"喷火怪龙愣了一下，嘴角的龙焰熄灭了。苦思冥想时，喷火怪龙看上去就像一条小憩的鳄鱼。

"所以嘛，"我吃完了最后一个土豆，做了个总结，"爱挑剔你的，永远会挑剔你；不挑剔你的，永远会接受你。那是他们的问题，不是你的问题。绝大多数龙有他们自己的宝藏要守护，无暇来观察你的。只有霍比特人和偷宝藏的骑士才会乐意用赞美麻痹你，或者谩骂激怒你，这样他们才有宝藏可取嘛。"

"嗯。"喷火怪龙点着头。

"至于你自己，只要整体而言是一条好喷火怪龙就行啦。让自己成为好喷火怪龙是为了让自己开心，守护宝藏是为了让自己开心，做什么事最后都是为了让自己开心。如果最后为了让自己开心一下，得付出好久不开心的代价，就真的本末倒置啦——毕竟，宝藏对你并没有什么用途嘛，不要真的把自己绑在那堆宝藏上面啦。无论你是不是一条了不起的、前所未有的喷火怪龙，你都可以开心呀！"

"也就是说……"

"也就是说，开不开心跟你有没有吓退霍比特人、喷火喷得多猛烈、守护了多少宝藏、飞得多高一点关系都没有。比如，你现在就是一条了不起的喷火怪龙，只要张开翅膀飞起来就是啦！你觉得怎样是对的，怎样就是对的嘛！"

喷火怪龙长啸一声，展开了翅膀。忽然之间，它变得遮天蔽日，充塞了整个洞窟。刚才还跟我胳膊差不多粗细的它，现在一只眼睛都有我整个人那么大了。

现在轮到我战战兢兢了：毕竟，它正盯着我，可以一口吞掉十个我的嘴里龙焰闪烁。

"你说得有点道理。"喷火怪龙的声音在整个洞窟响彻，"世上唯一能决定我开心或是不开心的，只有我自己。"

"是，是。"

"所以我也没必要随时紧紧张张的。也不用模仿别的龙，只要接受自己是喷火怪龙，好好生活就好了。"

"可不是？"

"我才想到一件事。"喷火怪龙傲然说，"你对我说这么多好话，是不是试图麻痹我，然后来偷我的宝藏呀？"

"没有呀！"我强颜欢笑地说，伸手到衣兜里，把洞窟藏宝图揉皱撕碎。

话说，面对一条恢复了信心、富有判断力的喷火怪龙，那可真不是开玩笑的哟……

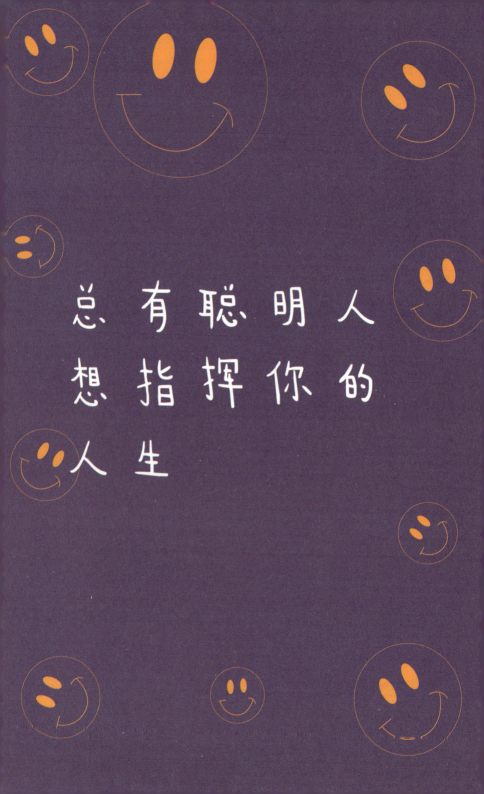

总有聪明人
想指挥你的
人生

保持配速，孤单但自在地维持呼吸，跑着步。

当然不太轻松，但跑久了，自然知道自己该是什么配速，能找到呼吸节奏——身体能教会自己，让自己维持在自己能接受的状态。跑着跑着，身旁凑过来一个人跟着跑，边跑边端详我。端详我一会儿后，那人凑过来道：你怎么能这么生活呢？你这生活方式有问题啊！我给你说道说道！跑久了就知道，你这样跑，不好。别看现在轻松，那是刚跑个两三公里，你体力还行，还不觉得。等跑到九公里、十公里，你就跑不动了。这么搞，实在太不聪明了。我看啊，你不如去弄个滑板车。你背着滑板车，跑个七八公里上了坡，那下坡的两公里，就能踩着滑板车，一路顺下去了，多舒服！

　　我：滑板车多难玩啊，不会玩，而且多贵啊，买不起。

　　聪明人：是不便宜，可你看看周围，大家都买滑板车了。这说明大势所趋，大家都懂。就你一个人，在这儿傻乎乎愣跑，不为将来打算打算？

　　我：都说了呀，我买不起滑板车……

　　聪明人：你可以跟你爸妈讨论讨论呀，让他们出点钱，帮你买滑板车。老两口一辈子都为了你，这点钱不至于不肯出吧？

　　我：我爸妈把我养到能跑能跳了，也不容易。他们自己也就各骑一辆自行车，也没啥积蓄……

　　聪明人：那让他们把自行车卖了，给你买滑板车呗？你们一家现在背着滑板车，一起慢慢走；下坡的时候，你一手挽一个，大家可以踩着滑板车溜下去，那叫一舒坦……

　　我：爸妈都没自行车骑了，多累啊……

　　聪明人：但跟爸妈诉个苦撒个娇，你就有滑板车了呀！你看周围多少人，都是让爸妈把独轮车、自行车、小汽车给卖了，换了滑板车。为了你，爸妈还是肯吃这点苦的，而且若是你们全家都有滑板车了，多拉风多新潮啊。你说你要买滑板车，爸妈估计也乐意，这现成的不用不是浪费吗？是不是？

我：不是，我没太明白哈……就，我拉着爸妈，跟我一起辛苦跑个七八公里，就为了最后舒服个两公里？那我空身跑上去，空身跑下坡，不是上坡时还轻松点儿？

聪明人：你不能这么想。你现在是舒服了，但下坡时多辛苦啊；你上坡时越轻松自在，越显得比别人舒服，下坡时辛苦起来，越招人笑话，毕竟大家都更看结果；你背着滑板车跑上坡，是辛苦点，但将来，你还有你全家，都可以随便踩着它呀！

我：那滑板车也够倒霉的，要被我这么踩着，那还不如不买呢……我就跑我自己的，我爸妈就骑自行车，大家都轻省，多好。

聪明人：你这么想就不好了。都跟你这么不想背滑板车跑，也不想踩滑板车下坡，那滑板车这行当怎么办？你不能只顾自己轻省，不顾滑板车了呀！你一个人不踩滑板车，你倒是简单了，可是生活少了多少跌宕起伏的乐趣！你不能这么自私自利只顾自己呀！而且你一个人跑轻省了，别人见样学样怎么办？都不置办滑板车了怎么办？

　　我：我醒过味来了，敢情……您是卖滑板车的吧？

　　聪明人：你怎么能这么猜疑我呢？我哪能干那种事?!我像是那种没格局的市侩人吗？我会为了自己的利益去直接撺掇别人改变生活方式吗?!

　　——我是给滑板车办执照的。

身体能教会自己，让自己维持在自己能
接受的状态。

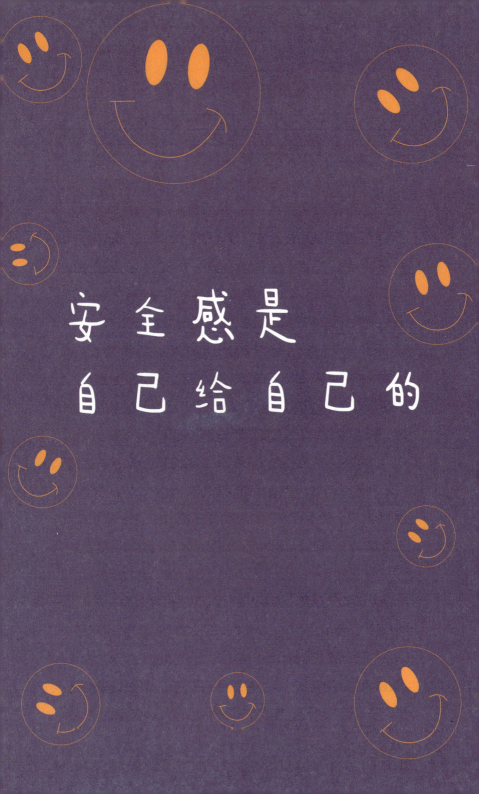

安全感是
自己给自己的

我大学毕业两年后，初见一位事业有成的前辈。她问起我的职业规划，我愣头愣脑地说，因为从大学到现在，已经出了几本书，写杂志、报纸和互联网的专栏文章也凑合有点收入，就这样写着吧。

前辈出于礼貌，脸上没流露出嫌弃，还是问了："你没有单位，生病了怎么办？残疾了怎么办？"

我陪着笑："就只能好好锻炼身体呗，小病死不了，大病医不好……再者说，咱们不能老往坏处想对不对？"

前辈问："那你这样生活，太没有安全感了。"

我说："我觉得吧，安全感是自己给自己的。只要人还有用，没有单位也能活下去。但凡没用了，有单位估计也会撇了你。所以，还是靠自己吧……"

　　身为有单位的人，前辈对我这番话流露出了明显的厌恶之情。有句话，我藏着没说。这位前辈的单位极为靠谱，所以她大概觉得我朽木不可雕。

　　但我在无锡，有远房长辈经历了下岗，经历了内退，我妈妈以前也在单位里被坑过。这些让我明白，"有一个单位"，未必能给人安全感。但我也理解他们——我们的上一辈人，吃过许多苦，所以凡事通常会求稳妥。他们通常会要求你快点按部就班地将自己的人生给固定下来：就业、结婚（不管对象是不是喜欢）、生孩子、供房子……只要绑定一个单位，这一切就都有了着落，他们就能安心了。

　　我自己开始做自由职业，图的是简单清爽。做这行，人际关系相对简单，合作熟了的编辑，彼此递一言两语，意思明白了，就不用多掰扯。你提要求，我交稿子，大家得益。对生活，自己心里也比较有数。比如某段时间很忙，但明确知道自己能挣到钱。某段时间钱少，但能享受点空闲。种瓜得瓜，种豆得豆。收入和空闲难两全，好在自己也能权衡。多劳多得，少劳少得，不劳不得。坏处也有，比如缺乏安全感。没有后台，没有背景，什么事都得靠自己。但好在，自由嘛。

为了在自由职业状态下有安全感，就要开源节流。挣多少花多少，那是不成的。多挣，少花，才行。这就是自由职业的另一个好处了——人际关系简单，会少许多额外支出。我没有提前消费的习惯，因为任何收入都是一笔一笔来的，谈不到未来的长期收入。坏处是没法买大东西、做大生意。好处是不用背债，也没什么牵绊。"我还能挣钱，我的开支还不大，我没有欠债。"日复一日，自由职业者的安全感，就是这么来的。

当然，自由职业者太特殊了，但旁观者清，看着身边在单位工作的诸位朋友，我也有些心得。我的同龄人陆续有了各自的单位，有了各自的人脉和靠山。我自己在写字过程中也承蒙各色单位青眼，给我面子，请我去工作，但我终究没法去上班。

多年以来，我供稿的纸媒中，也有几家不做了。有两家说"你可以来我们这儿做编辑嘛"的纸媒，直接消失了。我跟长辈说起，就举例了："您看，如果我把自己绑定在那个单位，现在就失业啦！"

我从开始写东西起，就没拘束过自己。报纸、杂志、互联网、纸书、翻译，都写——没法子，自由职业者没有挑选的权利。好处就是，哪一家消失了，我也不会因此忽然没饭吃，堵门扯横幅。这么多年看下来，我发现了一点：世事如流，变换无休。

我们不知道 2025 年科技会如何改变生活，2030 年的世界是什么样的，就像我在 2006 年，想象不到如今的世界是这样。

更长远一点，延长到一生的话：我知道，年轻一些的人，都希望自己做的行当能中个头彩。"时来天地皆同力，运去英雄不自由。"用父母们的表述就是，"学个热门专业，将来好挣大钱"——我自己也这么过来的。

但时代行进太快了，谁知道今时今日的热门专业，将来会如何呢？2003 年，还在用调制解调器上网、用诺基亚打电话的你，料得到今时今日是移动互联网的时代，也未必想得到移动互联网居然会让直播行业和影视业这么发达吧？同理，我们也未必想得到 2030 年的世界是什么样。伦纳德·巴伯认为，社会科学的意义在于控制与预测。但因数据有限，最多能够控制预测到一个范围之内。再具体的细节，则人算不如天算。

安全感，只能来自自己。要尽量保持自己是有用之身。我妈以前跟人谈合作时，我爸总提醒她这一点："你如果对他没啥用，他干吗要跟你合作，白送钱给你？你只要有用，还怕他不跟你合作？"就是这道理。

开头提到的那位前辈，十几年后再见到我时，颇为不快。似乎她的单位有颇多不厚道之处，让工作了几十年的她大有被辜负之感。时候过了，也能够谈开了。我们聊了聊，总结出了这么一种心态。

——人都会下意识地站在自己的立场上说话。
——在单位的人，则会想尽一切办法，说单位特别好，安全感来自单位。

　　——说来说去，我们都是希望在说服别人的时候说服自己：现状特别好，就这样吧……

　　——所以，自由职业者和在单位工作的人，骨子里都没一定安全感。大家都在想法子找理由说服自己罢了。

　　所以，安全感这东西，到最后，需要说服的，还是自己呀。

安全感，只能来自自己。要尽量保持自
己是有用之身。

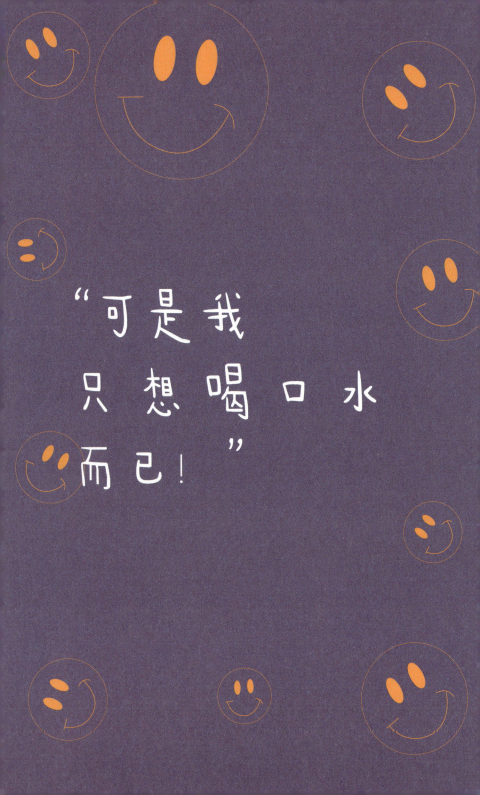

"可是我
只想喝口水
而已!"

我从土豆泥里伸出脑袋，确认象猫已经离去了——土豆泥上还留着它们直径三米的脚印呢，然后，觉得渴起来了。

却也难怪，土豆泥里头有盐，有牛奶，有奶油，哪样吃多了都容易脱水，何况我为了不被象猫发现——据说象猫玩弄起人来，就像人玩弄普通小猫似的，那怎么受得了——足足在土豆泥里躲了一小时呢。

渴起来之后，口腔就像探险家手握火把去探索木乃伊的洞穴时脚踩在地上一样沙沙作响。

我得找水喝。

　　可是不容易啊，首先得翻过烤翅山。众所周知，烤翅山非常烫，鸡翅的脆皮吃来固然可口，却很容易灼伤手脚；山坡上撒满的辣椒粉更是会让手足并用的攀登者疲倦。我还听说，有攀登者曾经不小心引发了烤翅山崩呢！

　　"跟雪崩似的！无数香脆的烤翅把我压住了……"朋友说着，摇摇头，"我被埋在烤翅底下，可是拼命吃了三天才爬出来的呢！"

　　烤翅山后面是可乐湖。我以前去过咖啡湖，与波平如镜、感觉简直可以在其上行走的咖啡湖不同，可乐湖不停地冒着气，毕竟是碳酸饮料嘛！

　　在可乐湖里游泳可是很为难的，因为毕竟甜得发腻，皮肤也会觉得黏黏的，而且碳酸味儿直冲鼻子——唯一的好处是，你偶尔换气不对，沉了下去，喝了一大口可乐，也没太大关系，就是鼻腔会觉得酸罢了。

　　可乐湖后面是热巧克力大泽。跋涉过巧克力大泽也很累人：浓稠，滚烫，一不小心就沾满手脚。还好我带了曲奇拐杖，但这也不济事：我总忍不住将蘸了巧克力的曲奇拐杖拔起来，吃掉一截。如此这般，我身边仅剩的两根拐杖都被吃掉了，结果是让自己更加口渴。话说回来，偶尔沾满手的巧克力坠着丝缓慢流入大泽时，还是会让人忍不住去舔一下……

不，不！我对自己说：现在我要喝水！

我之后穿越了漫长的糖醋排骨峡谷，匍匐过了清香四溢的沙拉丛林。在布朗尼拱廊下躲了会儿奶茶雨——奶茶落在布朗尼拱廊上，倏地渗透进去，让我很想将那块被奶茶濡湿浸透的布朗尼掰下来吃掉——也恰好避过了午餐肉兄弟会的扫街大作战：他们看见谁似乎摄入淀粉或蛋白质不足，就会将他拉进会去，然后拼命地吃川椒红焖午餐肉。

我终于看到了一泓泉水。并没那么清澈碧绿，但我知道，那是我需要的。你知道，真正的泉水里都有些石腥气或沙子，就像夏日阳光，明亮清澈，却刺得你眼睛发痛，但这就是我想要的。我只想喝水罢了。

然而就在我低头准备喝水时，泉水里伸出来一个骷髅脑袋，随后是两只胳膊，三下两下，他的整个身体都上来了。

说是骷髅，但全身上下挂满了商品标识，以至于连白骨本色都看不到了。

"喂，孩子！"我怎么都不明白，他连声带与舌头都没有，怎么说话的？"何必喝水呢？世界上可以吃喝的东西那么多呢！你要可乐吗？咖啡？功能饮料？复合花草茶？气泡水？热巧克力？薄荷茶？柠檬茶？鲜榨果汁？萝卜泥牡蛎汤？波特酒？葡萄酒？威士忌？雪莉酒？卡瓦斯？世界可是很大的，你不尝试一下吗？"

"可是我想喝水呀。"我说，"我知道自己想要什么。"

"话虽如此，"骷髅语重心长地说，"你真知道自己想要什么吗？你确认你想要的不是因为自己见识尚浅吗？你知道啦，许多人天生爱喝水，许多人天生爱喝酒，还有许多人一辈子只喝水，却不知道自己的体质其实适合喝咖啡。

话说，你就没有过那种体验，接触了什么，一下子打开新世界大门？也许水不是你的最佳选择哟！你这样难免会让人生过于单调，将来势必后悔的。"

"将来后悔不后悔太远了，我觉得自己先喝点水解渴是当务之急。"我说。

"何必那么死心眼呢？心胸要开阔一点！其他饮料也要了解一下！"骷髅说。

我看了他一会儿，忽然闪出个怪念头。

"你以前，也是到这里来喝水的，对吧？"我问。

"什么呀？"他说，"水有什么好喝？"

"你想喝水，但是被这泉水里的一个人欺骗了，然后变成现在这个样子，所以你想把我拉下水代替你成为新的骷髅，而你就可以解脱了，是吧？"我说。

骷髅久久无语，最后叹了口气。

"你怎么猜出来的？"

"一般谁那么急吼吼跟我推销什么时，一定有啥不对劲嘛，这点常识我还是有的。"我说。

"喂，这样吧。"他说，"我让你喝水，但你能帮我骗一个人下水吗？"

"我怕是做不来。"

"那就不要泄露出去吧，我不依靠你，只是凭自己本事骗人，这样公平一点吧？"

"可以吧。"

我于是痛痛快快地喝了水，骷髅在一边发呆，偶尔看看我，叹一口气。听他叹得多了，我也隐约觉得不安，总觉得自己做错了什么——不过活在人世间就是这样，如果谁都想周全的话，就难免变成满身商标的骷髅。一念及此，我觉得手里捧着的水似乎还格外好喝了一点呢。

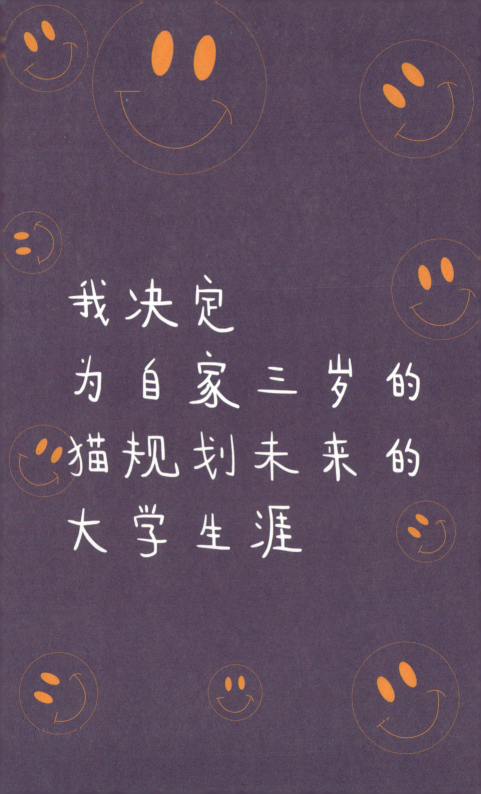

我决定
为自家三岁的
猫规划未来的
大学生涯

趁着喂粮的时候，我跟家里的猫谈起了未来。

我：你也三岁了，是只成年猫了。你得规划一下未来了。

猫：？

我：我琢磨着，该为你规划大学生涯了，就去读个鱼类学专业吧。

猫：等一下，为啥是鱼类学？

我：那个，首先你是猫，学鱼类学也对口；其次，我听说鱼类学还蛮酷的，日本有个鱼类学家老先生叫明仁的，就是个鱼类学者，还顺便当个天皇还是什么的，我寻思，大概研究鱼类学负担也不重，虽然我自己没学过鱼类学，也不太懂……

猫：等一下，你自己都没学过，为啥要让我学？你为啥不自己学？

我：哎，那啥，我年纪大了，学习能力不行了，再加上比较忙……你看你还年轻，是吧，时间也比较充裕……

猫：等一下，你至少学习能力比我强吧？我可真的是什么都不懂。而且猫和人类的学习体系与思维逻辑都不同哦，非要我去学习人类的学问，我是无法理解的啦。

我：虽然你是猫，要学习人类的知识体系有点累，但你比较聪明，年纪又小……

猫：喂喂，我们猫类的天赋可不适合阅读书本，我们对色彩和距离的感觉跟你们人类不同啊。我们猫类的DNA天生不适合学习鱼类学。再者论客观环境，你又不懂鱼类学，凭啥认为我适合学呢？

我：事在人为。哦，不对，猫为嘛。只要努力，这些都能克服的。你其实很聪明的，只是不够努力。只要你努努力，一定能学会。你看电视上那些聪明的猫还能做算术题呢，同样是猫，别人家的猫可以，你也一定可以……

猫：要说聪明，我可只是在嗅觉和反应上比较好，其他方面可不太行。再说，上电视的猫经过了多么残忍的训练，你知道吗？出镜的猫大多都有辛酸血泪史，你希望我经历那些吗？

我：那个，我也只是随便提个建议……反正闲着也是闲着，你可以朝这方向努力不是吗？这也是为了你的猫生更有意义。

猫：我猫生的意义难道不是吃好睡好、巡逻领地、确认安全、睡觉呼噜，并度过快乐的猫生吗？怎么你不是这么希望的吗？

我：当然我也这么希望，但你也知道，我们都不是活在一个孤立的世界里。我们满足了吃喝睡之外，也要尽量活得……比较……嗯，怎么说呢，有追求不是吗？

猫：那你追求你自己的人生意义就好了，管我的猫生干什么呢？我的猫生和你的人生是挂钩的吗？我没有猫生意义，会让你的人生失色吗？

我：嗯，当然也不是这么说……

猫：所以，你是觉得我的猫生意义，就是为你的人生增光添彩吗？你可以拿出去炫耀"哎呀，我家的猫能上大学了，还读鱼类学呢"，如果我读不成鱼类学，是不是我的猫生就是失败的，你的人生也会随之糟糕呢？还是你打算让我上电视当名媛猫，为你挣钱？

我：没有啊，怎么会呢？我当然不会这么想……

猫：再退一万步说，谁规定的"上了大学，学了鱼类学的奶牛猫"，就比隔壁家那只每天在窗口发呆的大橘要高贵的？是你们人类吧？你们制定了游戏规则自己为难自己，连我们猫也不肯放过吗？说来说去，如果不能拿出去炫耀，你还希望我去读鱼类学吗？

我：呃……

猫：我来说一下我的观察吧。

你其实不喜欢鱼类学，只是人云亦云，于是隐约模糊地觉得鱼类学是个很好的社交吹牛话题。

你其实也没那么忙，但你总用自己忙和年纪大了，来自我说服，为自己的不努力找借口，这样你就有理由不亲自去追求自己想追求的，转而将压力投注在我身上了。

你总是给自己制造一堆人生意义，来克服自己的焦虑。但你又太以自我为中心，以至于非把猫也逼上这条路。

如果把你扔到一个没有社交必要的场合，你就对我上不上大学、学不学鱼类学毫无兴趣了，因为这话题失去了潜在的吹嘘攀比价值。

好了，现在我决定对你失望个十分钟左右，但等你铲好猫砂、换好猫粮后我就会假装啥都没发生似的跟你蹭蹭。

你看，这就是我们猫类的好处。我们知道自己的本能并正视自己的本能，而不会去给自己的本能搞一堆定义来自己瞎琢磨。

我要去巡视我的领地了，就这样，一会儿见吧。唉，如果没有我督促你，真不知道你要度过怎样乱七八糟的人生呢——你们人类真是太会折腾了，一旦焦虑了觉得失去掌控感了，就要瞎折腾，折腾完自己还不够，对周围可以影响到自己的一切，都不放过……

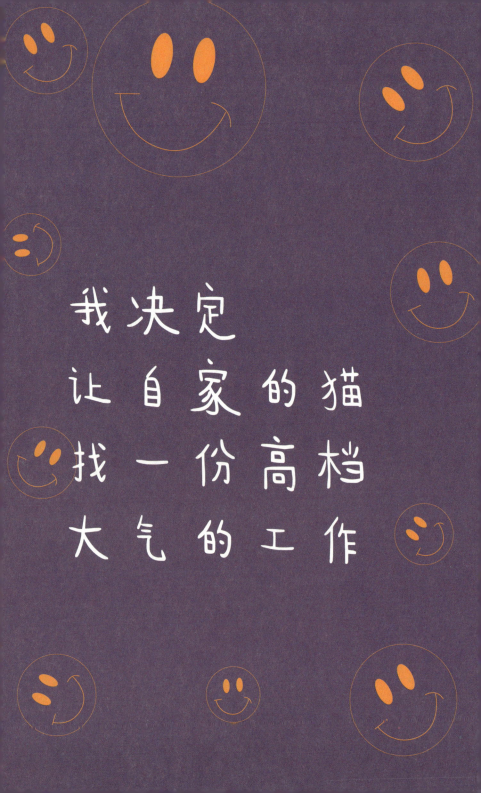

我决定
让自家的猫
找一份高档
大气的工作

　　这天，趁着给猫喂猫粮的时候，我跟它谈起了工作的事。

　　我：是该让你找一份上档次的、有头有脸的工作啦。

　　猫：啥？我每天在家里巡逻、抓虫子、吓退潜在的老鼠，偶尔给你当暖膝盖的热水袋，换取猫粮、饮水和住所，这不算工作吗？

　　我：这当然算，但最多算个家庭安保工作，太朴实了。水往低处流，猫往高处爬。你还是需要个高端大气上档次的工作。

　　猫：什么样的工作才高端大气上档次？

　　我：就是那种要西装革履坐豪车，去办公室指点江山，将来升职了，带一群人开疆拓土的事啊……或者成为一只名媛猫，穿得花里胡哨，到处给小鱼塘去剪彩……

猫：听上去好麻烦的样子。我得付出啥？我能得到啥？

我：将来你成功了，就会成为当世名猫，大家都仰慕你，崇拜你，会轮流来跟你合作……

猫：我得付出啥？我能得到啥？

我：而且还能坐拥无数资产，还有机会管理更多的资产……

猫：不是，我就再问一遍，我得付出啥？我能得到啥？

我：嗯，你能得到名誉、地位、财富、大家的羡慕嫉妒恨，还有许多漂亮猫猫追着希望被你舔……你要付出的，可能就是，嗯，忙一点，睡眠时间少一点……

猫：那我不能接受了。我每天要睡起码十八个小时，这是不可动摇的。我每天吃吃猫粮换地方睡觉，就挺开心的了，干吗要去忙那些？

我：但是，名誉、地位、财富、大家的羡慕嫉妒恨、好多的漂亮猫猫……

猫：我不知道那些玩意儿是啥，可能因为我不跟你之外的人类打太多交道吧。我觉得，还是睡觉和吃猫粮比较重要。

我：那这么想，等你到了一定地位之后，想怎么吃就怎么吃，想怎么睡就怎么睡。

猫：你又知道了？你到了那个地位了吗？

我：我当然没有，我这不是在做美好幻想吗……

猫：我平时凑你电脑旁边看新闻，怎么觉得那些大人物地位越高却越忙呢？

我：那个，实力越大，责任越大嘛……人总得有点事业追求不是？

猫：所以，明明是用时间去换取一大堆我不太需要的东西，让我没法好好吃饭睡觉，你还用人类自己编造出来的名誉、地位、财富、事业、追求来欺哄我，真无聊。我觉得吃饱睡好才是最快乐的，为什么非要去追求我不认识的人类的其他认同呢？再者说了，如果追求事业那么好，你自己干吗不出去工作，就每天在家写东西？

　　我：我没啥工作天分，而且没啥社交能力……你不同啊，你是猫中特别聪明的那类，你应该能成为猫中的精英，走上猫生巅峰……

　　猫：那公寓里隔壁那些人也每天上班，许多要忙到天黑回家。他们那么忙，也没走上巅峰嘛。

　　我：可是，可是他们有成就感啊。

　　猫：所以成就感到底是什么呢？又是你们人类自己构建出来的概念吗？是能吃还是喝，还是只能用来满足自己的幻觉呢？

　　我：嗯……

　　猫：我说一下我的观察吧。

　　你们人和我们猫需要的东西，其实都很少。吃好睡好闲适自在，就能愉快。但你们人类偏偏要跟自己过不去。

　　你们自己编造了许多概念，逼迫自己要达到某些目标，然后就每天循规蹈矩地按时离家去某个地方，到点再回来。你们看着好像能从中获取一点收入，但这种生活逼迫你们付出更多：

　　你得买不上班就不会穿的衣服吧？你得买不社交就不

会用的东西吧？你会因为上班的压力不爽，必须靠买买买来缓解吧？必须摄入其他乱七八糟的、不健康的鬼东西，让自己的情绪不至于抑郁吧？

你走上这条路虽然能挣点所谓的钱，但人类的许多虚构概念，会逼迫你花掉许多钱来维持这种生活，最后其实也剩不下什么，一分钱都带不走，而且失去了健康，以及宝贵的可以用来好好睡觉的时光。

对我们猫来说，这些都是奇怪的陷阱。

当然咯，有些人就喜欢这种生活，那无所谓。世上什么奇怪的人都有。但你非要逼迫我也过这样的生活，是为什么呢？

乍看似乎是你喜欢我，希望我过你认同的生活。骨子里其实是，你自己也对这种生活状态迟疑不定，希望多一只猫来认同你的生活方式。你们就是用好多人认同一种生活方式的方式，来维持自己脆弱的自信。唉，你们人类总是用这样的方式来巩固自信，真是太累了。

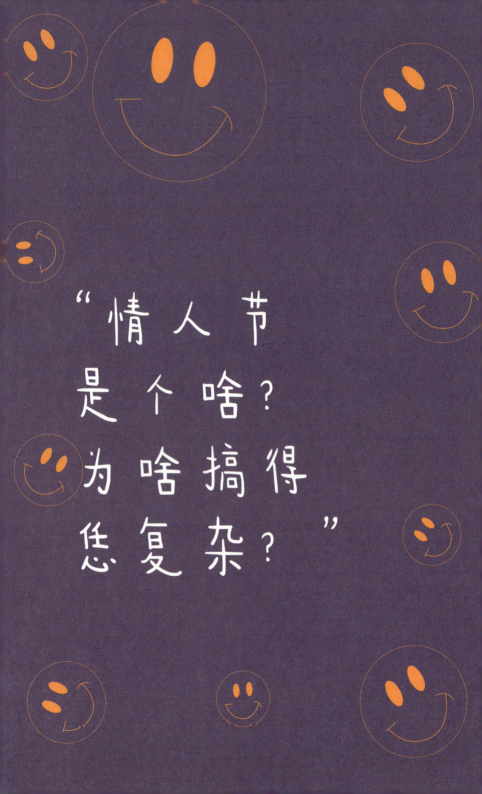

"情人节
是个啥？
为啥搞得
恁复杂？"

早起，我告诉猫：今天是情人节。

猫：那是啥节？

我：一个据说起源于古罗马时代的节，说来很复杂……总之按习俗，这一天，有情的人要彼此表白、送巧克力、送精美的礼物、请吃饭啥的。

猫：巧克力是啥？

我：就我平时吃的那种，你没法吃的东西——猫吃了巧克力会中毒。

猫：哦，那我没兴趣。古罗马就有巧克力吗？

我：没有哦，最早吃巧克力的据说是玛雅人，欧洲人应该是十六世纪之后才吃巧克力的。

猫：看来也是个瞎编出来的习俗，你们人类经常发明点习俗来骗彼此花钱……那啥叫表白？

我：就是一个人喜欢另一个人，于是告诉对方这件事，"我喜欢你"。

猫：这不是我每天干的事吗？我就每天翘着尾巴过来蹭蹭你，告诉你"我喜欢你"啊。那不是随时随地可以告诉吗？干吗非要情人节这天告诉呢？

我：嗯，因为人类的喜欢，没那么简单……许多人在情人节这天的表白，意味着希望从此建立一对一的关系，彼此达成一种默契，形成一种人类社会称之为"恋爱"的状态……

猫：好复杂。进入这种状态之后呢？

我：那大概就可以彼此传情达意、触碰、投之以信任吧……然后就，彼此相爱了。

猫：相爱是个啥？

我：怎么说呢？日本有位叫山田芳裕的先生有句话，我觉得说得挺好：所谓彼此放开心胸、无条件地彼此信任、给予与索求的状态，就是爱。

猫：感觉是很有意思的状态——不过我还是没明白，为啥非得专门挑这一天呢？

我：因为节日氛围比较足，人的心理比较容易受影响吧；平时表白不成的，也许这天就表白成了……

猫：我不明白，表白就表白呗，不就是告诉说，自己喜欢对方吗？什么叫表白成，什么叫表白不成呢？

我：因为人类的社会关系是分许多种的。表白也没那么简单。看似只是简单告诉"我喜欢你"，其实隐含着"希望你能和我达成恋爱关系"的意思。如果对方不肯回应这种邀请，就是所谓表白不成，就变成单方面喜欢了。

猫：真复杂呀。所以你们人类的表白，也都带着隐含的占有欲吗？单方面喜欢也没啥问题呀？干脆地告诉对方"我喜欢你，你喜不喜欢我无所谓"，然后摇摇尾巴潇洒地走开呀！

我：嗯，许多人做不到这点吧。毕竟付出感情了，也是想获得回应的。这也是许多人羞于表白的原因。

猫：你刚才还提到了要请吃饭和送礼物，那是为啥呢？

我：人类社会往往通过吃饭和送礼，付出自己的劳动成果，来表达诚意。对方获得馈赠后，能更深刻地感受到诚意吧……

猫：我不明白啊。此前彼此喜欢的人，通过吃饭和接受礼物，会更喜欢吗？还是说此前彼此不喜欢的人，通过吃饭和接受礼物，就会彼此喜欢了？

我：这个我倒不太确定，但有些人的确会这样。稍微控制着自己的喜欢程度，根据对方对自己付出的程度，决定回馈多少情感……

猫：哦，类似于，你多给我一些猫粮，我就多蹭蹭你；你给我一盒罐头吃，而且换水换得勤，我就躺在你的膝盖上吗？

我：也不完全是……毕竟人类如果完全看回馈来赋予爱，会显得很功利，但爱又是不能显得太功利的……所以这里头有些微妙的尺寸，我是不太搞得清……大概人类既希望达到完全纯粹的相爱境地，却又害怕受伤害，所以尽量退缩着不敢表白吧……

　　猫：听得我都无聊起来了……刚才你也说啦，所谓的相爱应该是纯真的，爱就是无条件地彼此给予与索求。

　　但达到这个程度，却偏要好多乱七八糟的步骤，还要发明一些习俗、步骤和套路来达成。你们人类真是太麻烦了。

　　跟你说啊，我觉得其实特别简单。比如我喜欢你，就跑过来蹭蹭你；觉得你很安全，就躺在你膝盖上睡觉。

　　你喜不喜欢我无所谓，我喜欢就成了。

　　如果你恰好也喜欢我，那我们可以彼此蹭蹭，说不定还可以玩打滚互抓。如果你不喜欢我，那我就自己一边玩去了。

　　这不是很简单吗？

　　按你以前跟我的描述看来，现代人类不涉及迷信的仪式，好多是商家为了挣钱才发明出来的。我看好些人就是在货币社会里待久了，把自己的感情都当作礼物和货币，还得精打细算省着用。

　　要通过反复付出与给予的试探，才能达到无条件彼此给予与索求的境界，听上去，怎么都像是在绕弯路。

喜欢是多么简单又快乐的事，彼此喜欢是多么让人自在的事，为什么会搞得这么小心翼翼又琐碎不堪呢？是喜欢这件事和太多乱七八糟的东西挂钩了，导致感情都开始被利用了，于是大家都害怕起来了？

人类真奇怪呀。

不过，我还是祝你情人节快乐，希望你能跳过那些乱七八糟的步骤，直接感受喜欢人与被人喜欢的单纯的快乐吧！

图书在版编目（CIP）数据

人嘛，最重要的就是开心 / 张佳玮著. -- 北京：
北京联合出版公司, 2025. 3. -- ISBN 978-7-5596-8302-1

Ⅰ. B821-49

中国国家版本馆 CIP 数据核字第 2025Q74T16 号

人嘛，最重要的就是开心

作　　者：张佳玮
出 品 人：赵红仕
责任编辑：李艳芬
封面设计：仙　境
版式设计：豆安国　万逸弋
责任编审：赵　娜

北京联合出版公司出版
（北京市西城区德外大街 83 号楼 9 层　100088）
北京华景时代文化传媒有限公司发行
北京中科印刷有限公司印刷　　新华书店经销
字数 149 千字　　880 毫米 ×1230 毫米　　1/32　　8 印张
2025 年 3 月第 1 版　　2025 年 3 月第 1 次印刷
ISBN 978-7-5596-8302-1
定价：59.00 元